Himmelsrichtungen / Winkelmessungen am Himmel und am Horizont

Orientierung nach der Sonne

Orientierung nach dem Mond

Orientierung nach den Sternen

Orientierung nach anderen Zeichen der Natur

Koppelnavigation

Behelfskompass

Index

Spanne

Band 120

OutdoorHandbuch

Wolfgang Regal (†)

Trailfinder

Orientierung ohne Kompass und GPS

Dieses OutdoorHandbuch hat 96 Seiten mit 22 farbigen Abbildungen und
62 farbigen Illustrationen. Es wurde auf chlorfrei gebleichtem gedruckt,
in Deutschland klimaneutral hergestellt und transportiert und wegen der
größeren Strapazierfähigkeit mit PUR-Kleber gebunden.

Klimaneutral
Druckprodukt
ClimatePartner.com/53106-2205-1001

Dieses Buch ist im Buchhandel und in Outdoor-Läden erhältlich und kann
im Internet oder direkt beim Verlag bestellt werden.

OutdoorHandbuch Band 120

ISBN 978-3-86686-325-5   Nachdruck der 3. Auflage 2022

Text und Fotos: Wolfgang Regal (†)
Illustrationen: Wasi Wasilewicz (ww), Georg & Wolfgang Regal (†)
Lektorat: Kerstin Becker
Layout: Manuela Dastig

Gesamtherstellung: AZ Druck und Datentechnik GmbH, Kempten

Dieses OutdoorHandbuch wurde konzipiert und redaktionell erstellt vom:

Conrad Stein Verlag GmbH, Kiefernstr. 6,
59514 Welver, ☎ 023 84/96 39 12
📧 info@conrad-stein-verlag.de,
💻 www.conrad-stein-verlag.de

Besuchen Sie uns bei Facebook & Instagram:

 www.facebook.com/outdoorverlag

 www.instagram.com/outdoorverlag

Titelfoto: Schattenkompass
Foto auf der Buchrückseite: Behelfskompass

Der sechste Sinn   8

Himmelsrichtungen   10

Winkelmessungen am Himmel und am Horizont   14

Orientierung nach der Sonne   19
Bestimmung der Ost-West-Richtung   21
Bestimmung der Nord-Süd-Richtung   27
Methode des kürzesten Schattens   29
Schattenspitzenmethode   32
Sonne und Uhr   33
Orientierung nach der wahren Ortszeit   36
Schattenspitzenmethode nach Owendoff   39
Orientierung nach der Sonne ohne Sonne   42
Schattenkompass   43

Orientierung nach dem Mond   46
Grobe Orientierungsregeln   50
Gegenpunktverfahren   51
Zwölftelverfahren   52
Orientierung nach den Mondphasen   53

Orientierung nach den Sternen   56
Einfaches Modell des Universums   60
Orientierung nach dem Himmelsäquator   68
Orientierung nach den Zenitsternen   74
Skorpion   75

Orientierung nach anderen Zeichen der Natur   77
Kompasspflanzen   80
Tiere als Wegweiser   82

Koppelnavigation (Dead Reckoning) 84

Behelfskompass 88

Index 93

Der sechste Sinn

Eine kleine Unaufmerksamkeit, ein Fehltritt und schon ist es passiert. Das nackte Leben hat man gerade noch retten können, aber die gesamte Ausrüstung ist im wahrsten Sinn des Wortes "den Bach runtergegangen". Das GPS war zwar ohnehin nicht mehr zu verwenden, die Batterie war schon seit einiger Zeit leer, aber dass jetzt auch noch der Kompass weg ist, ist schon sehr unangenehm. In der Jackentasche findet sich noch eine völlig durchnässte Karte, die aber vielleicht noch zu verwenden sein wird. Sonst ist uns aber nichts geblieben, außer einem Taschenmesser und einer hoffentlich wasserdichten Uhr.

Wir befinden uns zwar nicht in the middle of nowhere, wir wissen, dass ein paar Kilometer nördlich eine Straße verläuft, die uns zurück zur Zivilisation bringt, aber wo ist Norden? Gefühlsmäßig würden wir sagen, in diese Richtung. Aber stimmt das auch? Jetzt wäre es wohl gut, wenn wir ihn hätten. Ihn, jenen sagenhaften Sechsten Sinn. Diesen angeborenen inneren Kompass, den angeblich die Ureinwohner Australiens, Afrikas, Amerikas und auch die Eskimos haben. Jenen sagenhaften Orientierungssinn, der es diesen sogenannten "Unzivilisierten" ermöglicht, in der finstersten sternenlosen Nacht und auch im Nebel jederzeit die Himmelsrichtungen exakt anzugeben.

Gibt es ihn wirklich, diesen magnetischen Sinn beim Menschen? Wissenschaftler haben im Os ethmoidale, einem Knochen zwischen den Augen, Spuren von Eisen nachgewiesen. Ist hier der magnetische Sinn beim Menschen lokalisiert? Folgen diese Ureinwohner tatsächlich ihrer Nase? Haben sie noch diesen Sinn, der uns Zivilisationsgeschädigten verloren gegangen ist?

Nachgewiesen ist dieser magnetische Sinn für eine Reihe von Tieren, von Ameisen und Termiten bis zu Delfinen und Vögeln. Für Menschen ist er bis heute nicht bewiesen, obwohl es Menschen geben soll, die sich auch mit verbundenen Augen bis auf wenige Grad Abweichung nach dem Nordpol ausrichten können. Gehen Eskimos im dichten Nebel auch im Kreis? Fragen, die uns die Wissenschaft bis heute nicht endgültig beantworten kann.

Einige Zeit hindurch konnte auch ich den Mythos aufrechterhalten, ich hätte ihn, den sechsten Sinn. Das kam so: Auf dem Weg zu einem Campingplatz wurden wir von Wegweisern, unserem Gefühl nach, kreuz und quer durch einen Wald geführt. Es war bereits Abend und der Himmel war vollständig mit Wolken bedeckt. Endlich am Zeltplatz angekommen, konnte ich nach einem kurzen Rundblick sofort die Himmelsrichtungen feststellen.

Wir konnten das Zelt so aufstellen, dass wir die Morgensonne am Zelt und zu Mittag das Zelt im Schatten hatten. Keiner konnte sich erklären, wie ich es geschafft hatte, ohne Kompass in so kurzer Zeit die Himmelsrichtungen unter diesen widrigen Umständen zu bestimmen. Nach einer ausführlichen wissenschaftlichen Erklärung über meinen Kompass in der Nase und das Eisen im Os ethmoidale waren alle mächtig beeindruckt.

Wenn ich in der Folge manchmal Fehlschläge zu verzeichnen hatte, beschuldigte ich Hochspannungsleitungen und andere Störungen des Erdmagnetismus für die Irritationen meines Siebbeins. Schlussendlich musste ich aber doch mit der Wahrheit herausrücken: Auf dem Büro des Campingplatzmanagers hatte ich eine TV-Satellitenanlage bemerkt. Und bekanntlich müssen die schüsselförmigen Antennen in unserer Gegend exakt nach Süden ausgerichtet sein. Soweit das Geheimnis meines sechsten Sinns.

Interessant ist in diesem Zusammenhang aber, dass es Völker gibt, die in ihrer Sprache keine Bezeichnung für rechts und links kennen. Sie orientieren sich ausschließlich nach den Himmelsrichtungen. Ein nordaustralischer Ureinwohner vom Stamm der Guugu Yimithirr würde beispielsweise sagen: "Das Brot liegt östlich vom Lagerfeuer" oder "Das Messer habe ich in meiner westlichen Hand". Wenn er sich jetzt umdreht, wäre es dann in seiner östlichen Hand.

Das bedeutet, diese Menschen orientieren ihren Körper nicht wie wir nach den relativen Koordinaten Rechts und Links, sondern nach absoluten Fixpunkten, nach den Himmelsrichtungen. Ob sie das jetzt mit einem angeborenen Orientierungssinn oder durch ständige, praktisch seit frühester Kindheit antrainierte, genaue Beobachtung ihrer Umwelt machen, ist nicht wirklich geklärt.

Auch wir werden diese Fragen nach dem sechsten Sinn nicht klären. Eines aber ist sicher: Wir haben ihn sicher nicht und wir können ihn auch nicht erlernen. Was wir aber lernen können, ist genau zu beobachten, die Zeichen der Natur richtig zu interpretieren und uns keinesfalls nur von unserem Orientierungssinn, und sei er noch so gut, leiten zu lassen.

Himmels-
richtungen

Definitionsgemäß versteht man unter den Himmelsrichtungen, die vom Beobachter im Zentrum aus verlaufenden Richtungen zum Horizont. Man unterscheidet vier zueinander senkrecht stehende Haupthimmelsrichtungen: Norden (N), Osten (um Verwechslungen vorzubeugen wird Osten üblicherweise mit einem E abgekürzt), Süden (S) und Westen (W).

Durch Halbierung der Winkelabstände kommt man zu den Nebenhimmelsrichtungen. Nordosten (NE), Südosten (SE), Südwesten (SW) und Nordwesten (NW).

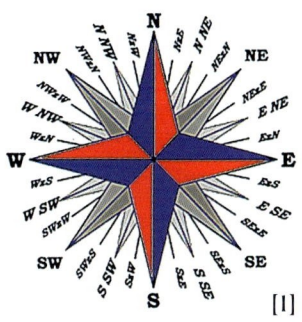

Diese Himmelsrichtungen und noch weitere Unterteilungen (bis zu 32 ganze und 96 Viertelstrichunterteilungen) sind von alten Kompassen her als **Windrose** bekannt [Abb. 1].   [1]

In der Seefahrt waren diese komplizierten Kompasseinteilungen üblich. Bei den vollen Gradzahlen stehen die Hauptwinde, bei den halben Graden die Halbwinde (NNO), dann die Viertelwinde (Nord zu Ost). Die Angabe der Himmelsrichtung "Südwest zu West ein Viertel West" würde die meisten von uns heute völlig verwirren.

Eine wesentlich einfachere Einteilung ist die sogenannte **azimutale Zählung** [Abb. 2]. Die Gradeinteilung des Horizonts beginnend bei Nord = 0° (oder 360°) über Ost = 90°, Süd = 180° zu West = 270° und weiter wieder zu N = 360° (oder 0°).

Für die Orientierung im Gelände reichen üblicherweise die in Abb. 2 eingezeichneten 16 Himmelsrichtungen völlig aus. Bei der Orientierung ohne technische Hilfsmittel müssen wir meist noch ein wenig bescheidener sein.

Die **Haupthimmelsrichtung**, nach der praktisch alle Karten ausgerichtet sind, ist heute Norden. Norden ist auf jeder Landkarte oben. Das war nicht immer so. Im Mittelalter war der Osten, der Ort des Sonnenaufgangs, die Haupthimmelsrichtung und viele alte Karten sind ostorientiert (Osten oben). Alte Kirchen sind immer, mehr oder weniger exakt, mit dem Hauptaltar nach

Osten ausgerichtet. Im alten China war der Süden, wahrscheinlich ebenfalls wegen der Sonne (Mittagssonne) die Haupthimmelsrichtung. Die alten Chinesen ließen sich bereits tausend Jahre vor den Abendländern von der "Südwärts weisenden Nadel", wie sie den Kompass nannten, die Südrichtung anzeigen.

[2]

Heute ist jedenfalls Norden die Haupthimmelsrichtung und unsere Kompassnadeln zeigen mit ihrer markierten Spitze in Richtung **Magnetisch Nord**. Magnetisch Nord fällt aber leider nicht mit der tatsächlichen Richtung zum Nordpol oder zum Polarstern (geografisch Nord oder rechtweisend Nord) zusammen.

Magnetisch Nord (missweisend Nord) weicht von **Geografisch Nord** an verschiedenen Stellen der Erde unterschiedlich weit ab und diese mitunter beträchtliche Abweichung muss bei der Kompassorientierung berücksichtigt werden. Die Abweichung wird genau vermessen und für ein bestimmtes Jahr mit den voraussichtlichen Veränderungen für die nächsten Jahre veröffentlicht und auf den Karten ausgewiesen. Für die Veränderungen des Magnetfeldes der Erde gibt es keine ausreichenden Erklärungen und langfristig sind sie auch nicht vorausberechenbar.

Bei der Orientierung ohne Kompass interessiert uns diese sogenannte **Missweisung** nicht. Sonne und Sterne weisen uns immer die "echte" Himmelsrichtung. Einige Methoden sind so exakt, dass man mit ihnen die Missweisung korrigieren kann.

Bei der Bestimmung der Himmelsrichtungen ohne technische Hilfsmittel müssen wir uns noch mit einem kleinen Wortanhängsel vertraut machen.

Diese Anhängsel heißt -lich = öst-lich, west-lich, süd-lich, nörd-lich. Bei einigen in der Folge beschriebenen Methoden ist auch bei genauester Arbeit keine hundertprozentig exakte Festlegung der Himmelsrichtung möglich. Für dieses -lich gibt es keine Definition, die Amerikaner verwenden dafür auch den Begriff der **General Direction** und Survival-Experten halten diesen Begriff für vertretbar, wenn die Abweichung von der tatsächlichen Himmelsrichtung nicht mehr als 25° beträgt.

Für die Festlegung der Himmelsrichtungen am Horizont genügt die Identifizierung einer einzigen Himmelsrichtung. Aus dieser Himmelsrichtung kann man sofort auf die Lage der anderen schließen. Allgemein gilt, wenn man nach Norden sieht, ist Osten rechts und Süden im Rücken [**Abb. 3**].

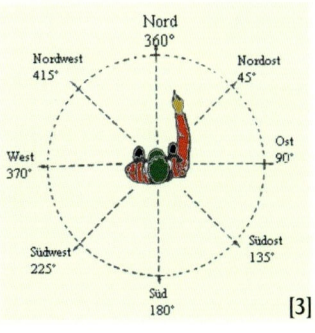

[3]

Winkelmessungen
am Himmel
und am Horizont

Wie wir gesehen haben und noch sehen werden, ist es bei der Orientierung ohne technische Hilfsmittel oft nötig, Winkelabstände am Horizont und am Himmel möglichst genau abzuschätzen. Von der Genauigkeit dieser Schätzungen hängt in vielen Fällen die Exaktheit der Himmelsrichtung ab. Und da jeder Fehler und damit jede falsche Richtung Zeit und Kraft kostet, sollte man hier so genau wie irgend möglich arbeiten.

Da man üblicherweise keinen **Winkelmesser** bei der Hand hat, kann man das Zifferblatt einer **Uhr** als provisorischen Winkelmesser verwenden. Die Zeiger spielen in diesem Fall keine Rolle.

12 Stunden auf unserem Zifferblatt entsprechen 360°. Das bedeutet, dass eine Stunde (oder 5 Minuten) auf dem Zifferblatt 30° entsprechen (360° / 12 = 30°). 3 Stunden entsprechen dann natürlich 90° oder einem rechten Winkel.

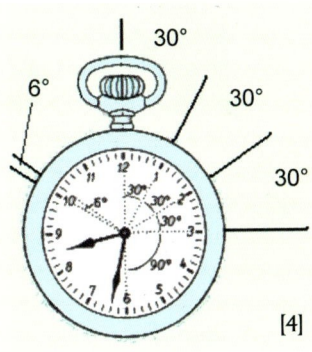

180° lässt sich durch 6 Stunden darstellen. Der Abstand zwischen zwei aufeinanderfolgenden Minutenstrichen entspricht 6° (360° / 60 = 6°). Wird die Uhr waagerecht gehalten, kann man mit dieser einfachen Methode sehr gute Ergebnisse bei Winkelmessungen am Horizont erhalten [Abb. 4].

[4]

Ein Winkelmessinstrument, das wir immer zur Hand haben ist unsere Hand, genauer gesagt, unsere ausgestreckte Hand.

Grundlage dieser Messmethode ist Folgendes:

Ein Kreis mit einem Radius von 57,3 cm hat einen Umfang von etwa 360 cm. Daher entspricht beim Visieren 1 cm auf Armlänge (ca. 60 cm vom Auge) 1° am Himmel.

1 cm auf Armlänge entsprechen somit 1° am Himmel

Wie man die Hand als Winkelmesser für kleine Winkel verwenden kann, zeigen die folgenden Abbildungen. Die Zeichnungen sprechen in diesem Fall für sich selbst [Abb. 5]:

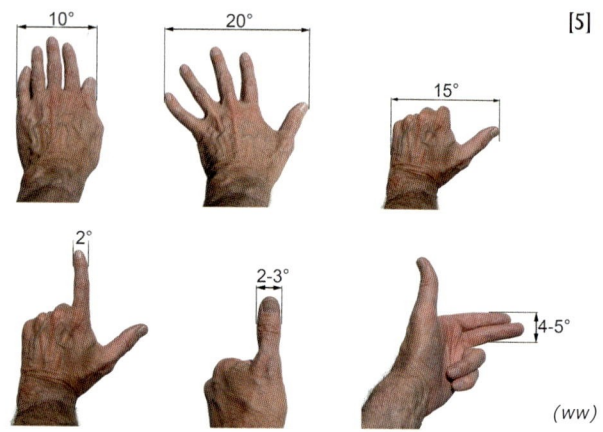

[5]

(ww)

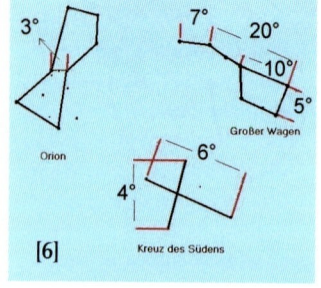

[6]

Natürlich gibt es individuelle Abweichungen, die aber mit Grundmaßen am Himmel abgestimmt werden können. Man kann seinen **Handmaßstab** gleichsam eichen. Diese fixen Maße am Himmel haben folgende Werte [Abb. 6]:

Hinterachse des Großen Wagens	$= 5,4° (\sim 5°)$
Oriongürtel	$= 2,8° (\sim 3°)$
Obere Sterne des Wagenkastens	$= 10°$
Monddurchmesser	$= 1/2°$
Abstand vorletzter zu letztem Deichselstern	$= 7°$
Querbalken Kreuz des Südens	$= 4,3° (4°)$
Längsbalken Kreuz des Südens	$= 6°$

Einen Satz muss man sich für alle Bewegungen am Himmel einprägen:

Alles am Himmel bewegt sich mit 15° pro Stunde.

Die Erde dreht sich an einem Tag (24 Stunden) einmal um ihre Achse (360°).
360° / 24 Stunden = 15° / Stunde

**Alles am Himmel bewegt sich also mit 15 cm
auf Armlänge pro Stunde.**

Will man genau arbeiten, kann man sich jetzt einen 15 cm langen Querteil an einem 57 cm langen Faden basteln oder an seiner Hand mit einem Lineal eine Spanne von 15 cm abmessen. Mit etwas Übung bekommt man bald die Messstrecke von 15° oder 1 Stunde in den Griff **[Abb. 7]**.

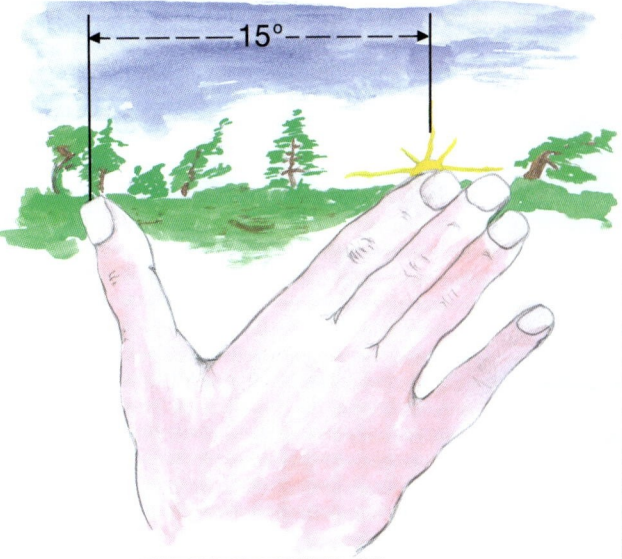

[7]   *(ww)*

Soll eine kürzere Zeit in eine Länge umgewandelt werden, muss man einen Umrechnungsfaktor verwenden. Dieser Umrechnungsfaktor gilt ebenfalls für alle Objekte am Himmel:

2,5 cm pro 10 Minuten auf Armlänge.

Der genaue Umrechnungsfaktor hängt natürlich von der Länge des Armes ab. Der hier angenommene Wert von 60 cm entspricht der durchschnittlichen Armlänge eines Erwachsenen (60 Minuten =15 cm Ō10 Minuten = 2,5 cm). Man rechnet die Zeit in cm um, markiert die gefundene Länge auf einem Stock und visiert dann am Himmel.

Aus dem bereits oben erwähnten Merksatz, 1° entspricht 1 cm auf 60 cm (Armlänge) leitet sich auch die sogenannte Sechziger-Regel ab. Mit dieser Regel kann man ungefähr abschätzen, welche Folgen die Fehlschätzung eines Winkels hat.

1° Abweichung auf 60 cm entspricht 1 cm
1° Abweichung auf 600 cm, also 6 m, entspricht dann 10 cm
1° Abweichung auf 60 Meter = 1 Meter
1° Abweichung auf 600 Meter = 10 Meter
1° Abweichung auf 6 Kilometer = 100 Meter
1° Abweichung auf 60 Kilometer = 1 Kilometer

In einer Formel ausgedrückt: Grad = 60 x Länge / Abweichung, oder umgeformt: Abweichung = (Länge x Grad) / 60.

Orientierung
nach der
Sonne

Indischer Kreis

Das älteste, von Mensch und Tier sicherlich am häufigsten verwendete **Orientierungsmittel** ist die Sonne. Schon im Wort Orientierung steckt das Wort Orient, der Osten, der Ort des Sonnenaufgangs. Osten war ja einst die Haupthimmelsrichtung und orientieren bedeutet wörtlich nach Osten ausrichten. Die Orientierung nach der **Sonne** ist zwar etwas komplizierter als die Navigation nach den Sternen aber anders als auf See, wo auch in der Nacht problemlos nach den Sternen navigiert werden kann, ist bei der Landnavigation ohne Kompass die Sonne oft das einzige Hilfsmittel.

Nachtmärsche in unbekanntem und schwierigem Gelände sind recht gefährlich und werden auch meist vermieden. Jeder Fixstern geht, falls seine Bahn den Horizont schneidet, Tag für Tag in einer bestimmten Himmelsrichtung auf, erreicht seinen höchsten Punkt in einer bestimmten Höhe und geht in einer bestimmten Himmelsrichtung wieder unter. Bei der Sonne ist das nicht so einfach. Die Auf- und Untergangspunkte und auch

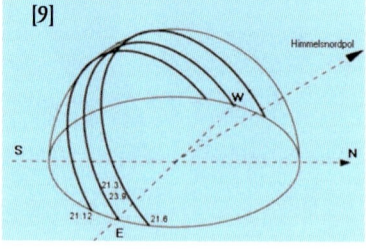

die **Mittagshöhen** verändern sich im Lauf des Jahres praktisch von Tag zu Tag [Abb. 8, 9, 10]. Natürlich wissen wir, dass sich die Sonne und die Gestirne nicht um die Erde drehen, sondern dass die Erde sich in 24 Stunden um ihre Achse dreht und in 365 Tagen auf einer elliptischen Bahn um die Sonne kreist. Der besseren Vorstellung halber lassen wir aber die Gestirne, so wie wir Sie täglich sehen, von Osten nach Westen über den Himmel laufen.

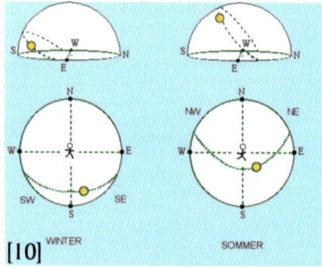

Wer kann sich denn schon wirklich vorstellen, dass sich unsere Erde, diese riesige Landmasse, und wir obendrauf praktisch mit Schallgeschwindigkeit von Westen nach Osten dreht. Wir werden Nicolaus Kopernikus und das heliozentrische Weltbild nicht ganz vergessen, sondern irgendwo im Hinterkopf behalten, dass die Bewegung der Gestirne eine scheinbare ist. Für unsere Beobachtungen werden wir aber dem geozentrischen Weltbild des Mittelalters den Vorzug geben und Sonne und Gestirne um die Erde kreisen lassen.

Bestimmung der Ost-West-Richtung

Im Osten geht die Sonne auf,
im Süden steigt sie hoch hinauf,
im Westen wird sie untergehen,
im Norden ist sie nie zu sehen.

Mit diesem Vers hat man uns in Kindertagen den Lauf der Sonne und die Himmelsrichtungen erklärt. Schauen wir uns einmal an, wie weit wir uns auf diesen Reim wirklich verlassen können. Im Osten geht die Sonne auf, im Westen geht sie unter. Exakt stimmt das, wie wir in **Abb. 8** gesehen haben, nur an zwei Tagen im Jahr. Und zwar zu den **Tagundnachtgleichen** am 21. März und am 23. September.

In den Monaten zwischen dem 21. März und dem 21. Juni verschiebt sich der Sonnenaufgang in Richtung NO und erreicht am 21. Juni, dem Tag der Sommersonnenwende, seinen nordöstlichsten Punkt am Horizont [**Abb. 9, 10**].

Wie weit nordöstlich, ist abhängig vom Breitengrad des Beobachters. In der Höhe von Kopenhagen (56,5° nördliche Breite) geht die Sonne an diesem Tag exakt im NO (45°) auf und im NW (315°) unter. Die Morgenweite bzw. die Abendweite, der Winkelabstand zwischen dem exakten Ost- oder Westpunkt und dem tatsächlichen Auf- bzw. Untergangspunkt, beträgt hier genau 45°.

So wie sich die Aufgangspunkte der Sonne am Horizont nach NO verschieben, verschieben sich natürlich auch die Untergangspunkte um ebenso viel Grade Richtung NW. Vom Tag der Sommersonnenwende an wandert die

Sonne wieder Richtung Süden, bis sie am 23. September wieder exakt im Osten aufgeht und im Westen untergeht.

Vom 23. September bis zum 21. Dezember, dem Tag der **Wintersonnen-wende**, verlagern sich die Auf- und Untergangspunkte am Horizont in Richtung Süden. Nach der Wintersonnenwende mit dem kürzesten **Tagbogen** und den südlichst gelegenen Auf- und Untergangspunkten steigt die Sonne wieder bis zur nächsten Sonnenwende mit ihren Tagbögen kontinuierlich an.

Wie bereits erwähnt, ist die Abweichung der Auf- und Untergangspunkte von der wahren Ost- bzw. Westrichtung vom Breitengrad abhängig. In den tropischen Zonen, also unterhalb des 23,5ten Breitengrades ist die Abwei-

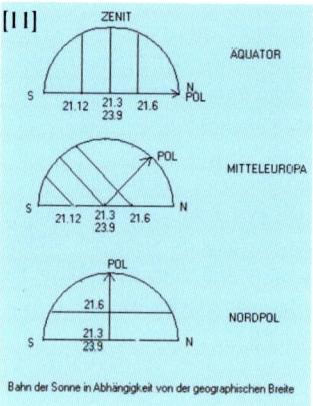

Bahn der Sonne in Abhängigkeit von der geographischen Breite

chung am geringsten und die Bahn der Sonne steigt fast senkrecht über den Horizont empor.

Mit steigendem Breitengrad nimmt die Abweichung zu und die Sonnenbahn wird zunehmend flacher.

In der Polarregion, über dem 66,5ten Breitengrad geht die Sonne in den Sommermonaten überhaupt nicht mehr unter und wird zu einem **Zirkumpolar-Gestirn**, das Tag und Nacht sichtbar ist: die allgemein bekannte Erscheinung der Mitternachtssonne [Abb. 11].

Ursache für die unterschiedlichen Tagbögen der Sonne ist die um 23,45° zu ihrer **elliptischen Bahn** um die Sonne geneigte Erdachse. Deshalb sind auch unsere Globen immer "schief" montiert. Diese Stellung der Erdachse bleibt während des gesamten Umlaufs um die Sonne konstant.

Folge dieser Neigung der **Erdachse** sind unsere **Jahreszeiten**. Ist der Pol von Sonne weggedreht, ist auf dieser Hälfte der Erde Winter. Für unsere nördliche Hälfte bedeutet das: die Erde befindet sich zwar auf dem sonnennächsten Punkt ihrer Bahn, der Einfallwinkel der Sonnenstrahlen ist aber sehr flach und ihre Strahlen erwärmen nur wenig.

Umgekehrt sind die Verhältnisse zu diesem Zeitpunkt auf der Südhalbkugel. Der Südpol ist der Sonne zugeneigt, der Einfallswinkel der Sonnenstrahlen ist steil. Auf der südlichen Halbkugel ist jetzt Sommer [Abb. 12].

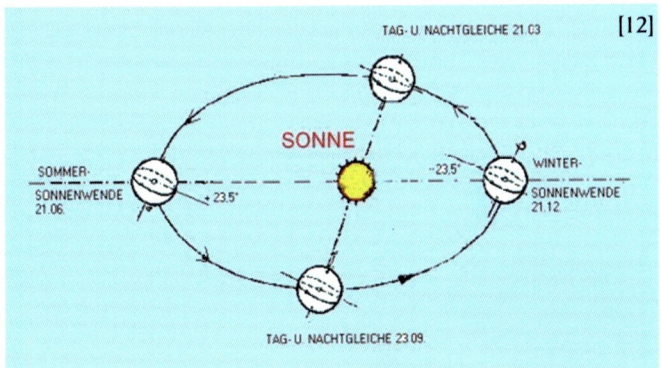

Der erste Teil unseres Verses war also für eine genaue Orientierung nach der Sonne nur bedingt einsetzbar. **Sonnenaufgang** und **Sonnenuntergang** geben ohne Hilfsmittel nur eine sehr ungefähre Orientierung nach Ost oder West. Für eine ganz grobe Bestimmung der Himmelsrichtungen kann man sich merken, dass der **Horizont** im Osten vor Sonnenaufgang deutlich heller ist als der übrige Himmel und der westliche Horizont nach Sonnenuntergang. Für eine etwas genauere Richtungsbestimmung lässt sich folgende Faustregel für die gemäßigten Zonen (zwischen 23,5° und 60° Breitengrad) anwenden:

Sonne	Aufgang	Untergang
21.3. (Frühlings-Tagundnachtgleiche)	O (90°)	W (270°)
22.6. (Sommersonnenwende) ungefähr	NO (45°)	NW (315°)
23.9. (Herbst-Tagundnachtgleiche)	O (90°)	W (270°)
21.12. (Wintersonnenwende) ungefähr	SO (135°)	SW (225°)

Einen Monat vor und nach den beiden Tagundnachtgleichen fallen Auf- und Untergang der Sonne nahezu in die Mitte zwischen diesen Richtungen.

Hat man den Sonnenaufgang verpasst und sind nicht mehr als zwei oder drei Stunden seit Sonnenaufgang vergangen, kann man auf zwei Arten einfach den Punkt am Horizont bestimmen, an dem die Sonne aufgegangen ist.

Bei der etwas ungenaueren Methode verfolgt man die **Sonnenbahn** im Geiste zurück oder hält einen Stock im Winkel der Sonnenbahn (etwa 90° minus Breitengrad; je niedriger der Breitengrad desto steiler also der Winkel) gegen die Laufrichtung der Sonne in Richtung Horizont. In nördlichen Breitengraden also nach links, auf der Südhalbkugel unserer Erde nach rechts. Wo der Stock den Horizont schneidet ist der gesuchte Aufgangspunkt [Abb. 13].

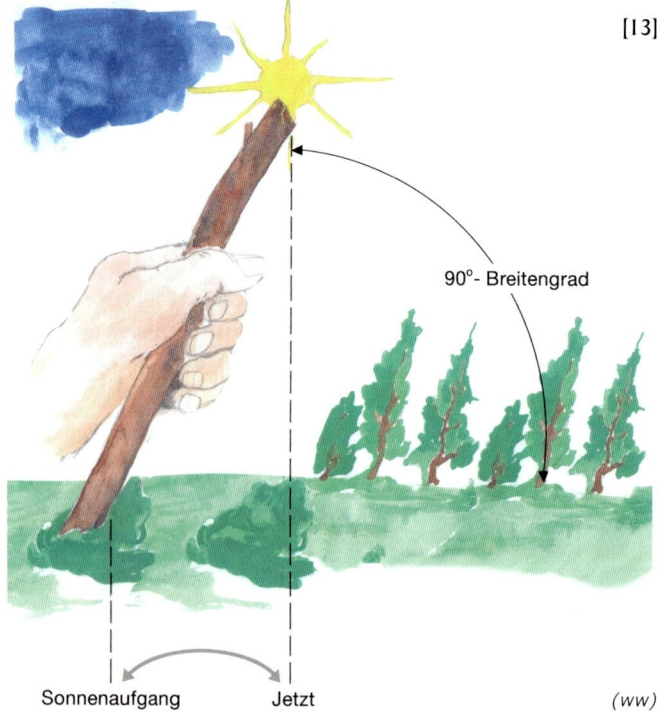

[13]

90°- Breitengrad

Sonnenaufgang   Jetzt   *(ww)*

Bei der zweiten Methode benötigt man eine Uhr und muss möglichst genau wissen, wie viel Zeit seit Sonnenaufgang vergangen ist. Diese Zeit wird dann mit dem **Umrechnungsfaktor** in eine Länge umgewandelt:

> **Der Umrechnungsfaktor gilt für alle Objekte am Himmel, weil alles am Himmel sich mit einer Geschwindigkeit von etwa 15° [365° / 24) pro Stunde bewegt. Und da 1° am Himmel 1 cm auf Armlänge entspricht, lautet dieser Faktor:**
> **2,5 cm pro 10 Minuten auf Armlänge.**

Man rechnet die verstrichene Zeit in cm um und markiert die Länge auf dem Stock mit dem Daumen. Den Daumen hält man vor die Sonne und sucht sich den Punkt wo die Spitze des Stockes den Horizont berührt. Das ist der gesuchte Aufgangspunkt der Sonne [**Abb. 14**].

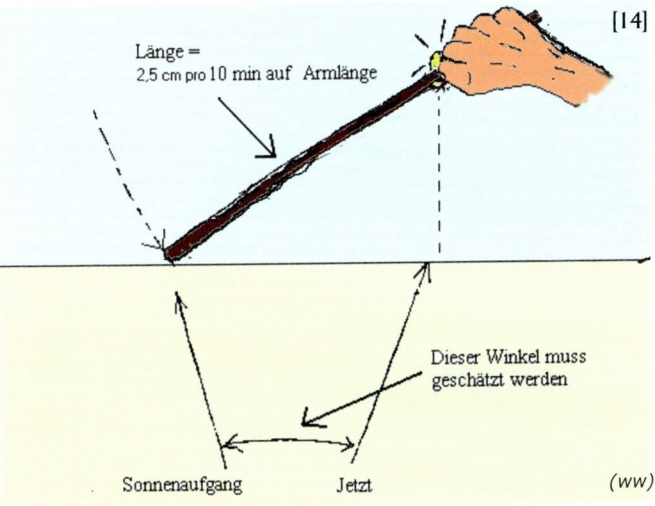

[14]

Länge =
2,5 cm pro 10 min auf Armlänge

Dieser Winkel muss geschätzt werden

Sonnenaufgang Jetzt *(ww)*

Kennt man die Peilung des Sonnenaufgangs, kann man durch Schätzen des Winkels zum Fußpunkt des aktuellen Sonnenstands am Horizont die momentane Peilung der Sonne berechnen. Dieses Verfahren kann natürlich auch vor Sonnenuntergang, dann aber in der Laufrichtung der Sonne zur Bestimmung des Sonnenuntergangspunktes am Horizont verwendet werden.

🖐   **Achtung: Niemals direkt in die Sonne sehen. Die Sonne kann schwere Schäden auf der Netzhaut verursachen, die zum Erblinden führen können.**

Zur Erinnerung: Die Sonne geht sowohl auf der nördlichen als auch auf der südlichen Halbkugel im Osten auf und im Westen unter. Auf der nördlichen Hemisphäre bewegt sich die Sonne von links nach rechts, also im Uhrzeigersinn und erreicht ihren höchsten Punkt im Süden. Auf der südlichen Halbkugel wandert die Sonne von rechts nach links, gegen den Uhrzeigersinn und kulminiert im Norden. In den **Tropen**, zwischen 23,5° Nord und 23,5° Süd ist der Mittagsstand der Sonne abhängig von der Jahreszeit.

Viele Seeleute des Mittelalters wurden tatsächlich durch das Navigieren mit dem **Jakobsstab**, mit dem ja die Sonne direkt visiert werden musste, auf einem Auge blind. Die Augenklappe, das geradezu klassische Attribut des Piraten oder überhaupt der alten Seebären, ist möglicherweise darauf zurückzuführen.

Es sei nochmals drauf hingewiesen, dass die Orientierung nach den Sonnenaufgängen oder Untergängen nur eine sehr grobe ist, und, wie wir gesehen haben, vom **Breitengrad** des Beobachters und von der Jahreszeit extrem abhängig ist. Außerdem muss noch bedacht werden, dass nicht immer ein idealer Horizont (wie zum Beispiel auf See) vorliegt. Sind am Horizont höhere Berge, sehen wir den Sonnenaufgang nicht nur später, sondern durch den Anstiegswinkel der Sonnenbahn unter Umständen beträchtlich (in nördlichen Breiten nach Süden, auf der südlichen Halbkugel nach Norden) verschoben - alles das muss bei der Orientierung nach der Sonne bedacht werden.

Für eine genaue Bestimmung der Himmelsrichtungen nach den Auf- bzw. Untergangspunkten der Sonne würde man sogenannte **Azimuttabellen** benötigen, in denen für jeden Breitengrad und für jeden Tag im Jahr neben anderen wichtigen astronomischen Daten die genauen Winkelgrade und Uhrzeiten nicht nur der Sonnenaufgänge und Untergänge verzeichnet sind. Diese Tabellen sind in Nautischen Jahrbüchern oder ähnlichen Tabellenwerken publiziert.

In manchen Outdoor-Büchern findet man auch vereinfachte Varianten dieser Tabellen. Alle diese mehr oder weniger umfangreichen und komplizierten Tabellen haben nur einen großen Nachteil: Im Notfall hat man sie sicher nicht dabei.

Bestimmung der Nord-Süd-Richtung

Bevor wir uns den verschiedenen Methoden zur Orientierung nach der Sonne zuwenden, sollten wir zum besseren Verständnis noch kurz die geometrischen Grundlagen der scheinbaren Sonnenbewegung besprechen.

Betrachten wir den Himmel als eine Kugel, die durch unsere Beobachterebene, unseren Horizont, in eine obere für uns sichtbare und eine untere unsichtbare Halbkugel geteilt wird. In **Abb. 15** ist nur die für uns sichtbare Hälfte dargestellt. Im Zentrum dieser Halbkugel befindet sich als winziger Punkt unsere Erde und wir als Beobachter. Unseren Horizont stellen wir uns idealerweise als flache Scheibe vor, die über die Erde hinausragt und irgendwo die

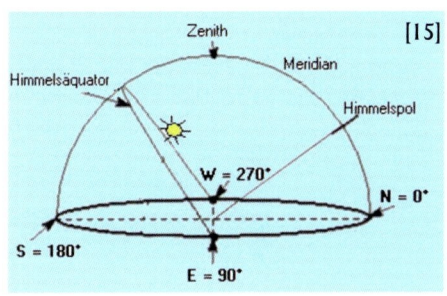

Himmelssphäre schneidet. Der imaginäre Punkt senkrecht über uns ist der Zenit. Eine gedachte Linie von Norden kerzengerade durch den Punkt, wo wir stehen, nach Süden und dann über den Zenit wieder nach Norden, also ein senkrecht stehender Halbkreis, nennt man die Mittagslinie, den Meridian.

Wenn die Sonne auf ihrer täglichen Bahn den Meridian kreuzt, steht sie erstens genau im Süden (auf der südlichen Halbkugel exakt im Norden) und zweitens ist Mittag. Nicht unbedingt 12 Uhr auf unserer Uhr, sondern 12 Uhr sogenannte **wahre Ortszeit** (WOZ). Alle Orte auf demselben Meridian (Längenkreis) haben die gleiche Ortszeit. Mit der Erfindung der Eisenbahn und der Notwendigkeit, Fahrpläne zu erstellen, wurde es äußerst unpraktisch, dass verschiedene Orte verschiedene Uhrzeiten hatten. Daher einigte man sich Ende des 19. Jahrhunderts auf sogenannte **Zonenzeiten**.

Unsere heutige Mitteleuropäische Zeit (MEZ) richtet sich nach dem 15. Längengrad östlicher Länge - der Meridian, der in Deutschland durch Görlitz und in Österreich durch Gmünd zieht. Wenn die Sonne diesen Meridian kreuzt, ist es von Spanien bis Polen 12 Uhr mittags.

Die Engländer stellen ihre Uhren nach dem **Nullmeridian** von Greenwich, den die Sonne exakt eine Stunde später passiert (Westeuropäische Zeit, WEZ, Weltzeit oder Greenwich Mean Time, GMT). Die Sonne wandert ja von Osten nach Westen. Insgesamt gibt es rund um den Globus 24 solcher Zeitzonen, alle 15 Längengrade breit, 7,5° westlich und 7,5° östlich von jedem 15. Längengrad (24 x 15 = 360°). Aus politischen und wirtschaftlichen Gründen halten sich die Grenzen der Zeitzonen aber oft nicht genau an die **Längengrade**.

Verlängert man den Äquator unserer Erde nach allen Richtungen, bis er sich mit unserer gedachten Halbkugel schneidet, kommen wir zum sogenann-

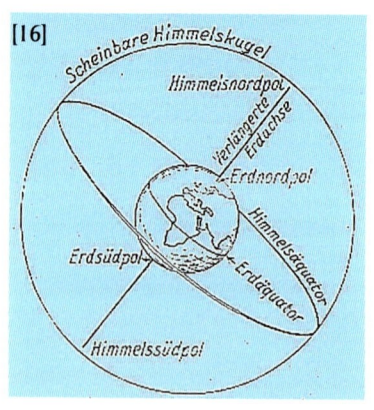

[16]

ten **Himmelsäquator** [Abb. 16]. Auf diesem Himmelsäquator "reitet" die Sonne zu den Tagundnachtgleichen am 21. März und am 23. September [**Abb. 15**]. Dazwischen bewegt sich die Sonne in einer Spirallinie zwischen den beiden Extremwerten der Sommersonnenwende (+23,5° vom Himmelsäquator nach Norden) und der Wintersonnenwende (-23,5° vom Himmelsäquator nach Süden).

Auf der Erde liegen in der Region zwischen dem Breitenkreis 23,5° Nord (**Wendekreis des Krebses**) und 23,5° Süd (**Wendekreis des Steinbocks**) die Tropen. Zur Sommersonnenwende, am 21. Juni, steht die Sonne am Wendekreis des Krebses im **Zenit**, das heißt genau senkrecht.

Zur Wintersonnenwende am 21. Dezember steht sie senkrecht über dem Wendekreis des Steinbocks und zu den Tagundnachtgleichen am 21. März und am 23. September lotrecht über dem Äquator [Abb. 17, 11].

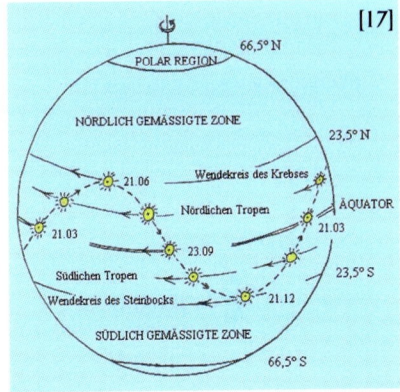

Eine Verlängerung der Erdachse, also jener gedachten Achse, die durch Nord- und Südpol zieht und um die sich unser Planet einmal in 24 Stunden dreht, trifft den nördlichen **Himmelspol**, der zur Zeit und die nächsten paar tausend Jahre fast genau mit dem Polarstern zusammenfällt. Wichtig ist noch zu beachten, dass die verlängerte Erdachse und die Ebene durch den Himmelsäquator einen Winkel von 90° einschließen [Abb. 16].

Erinnern wir uns an den eingangs erwähnten Vers aus Kindertagen ... *im Süden steigt sie hoch hinauf.* Das stimmt nun also, zumindest für unsere nördliche Hemisphäre wirklich. Die Sonne kreuzt die Mittagslinie exakt im Süden und erreicht dabei auch den höchsten Punkt ihrer täglichen Bahn.

Wenn es uns gelingt, diesen Punkt zu finden und auf den Horizont zu projizieren (Fußpunkt der Sonne auf dem Horizont), haben wir die genaue Südrichtung exakter als mit jedem Kompass gefunden. Was wir dazu brauchen ist das älteste und einfachste astronomische Instrument des Menschen: einen Stock.

Methode des kürzesten Schattens

Man steckt einen Stock auf einem ebenen Platz möglichst senkrecht in den Boden. Die senkrechte Aufstellung ist bei dieser Methode wichtig. Eine Kontrolle mit einem improvisierten Lot (irgendein schwerer Gegenstand an einer Schnur) erhöht die Genauigkeit. Etwas vor Mittag beginnt man die Schattenspitzen mit kleinen Steinen oder Hölzchen zu markieren. Je höher

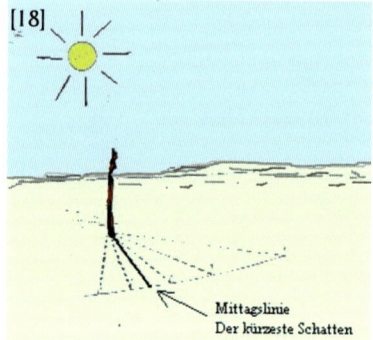

Mittagslinie
Der kürzeste Schatten

die Sonne steigt, desto kürzer werden die Schatten. Man markiert so lange die Schattenspitzen, bis die Schatten wieder augenscheinlich länger werden. Danach suchen Sie sich die Markierung für den kürzesten Schatten in der Reihe und ziehen eine Linie zu ihrem Stock [**Abb. 18**]. Diese Linie ist der **Meridian**, die Mittagslinie, die exakt in der Nord-Süd-Richtung liegt. Auf der nördlichen Halbkugel (nördlich des Wendekreises des Krebses, 23,5° Nord) weist die Linie vom Stock zur Markierung der Schattenspitze genau nach Norden, auf der südlichen Hemisphäre (südlich des Wendekreises des Steinbocks, 23,5° Süd) nach Süden. In den Tropen kann die Sonne zu Mittag im Norden oder im Süden stehen, abhängig vom Breitengrad und vom Datum. Bewegt sich der Schatten im Uhrzeigersinn, so steht die Sonne im Süden, bewegt er sich gegen den Uhrzeigersinn, ist die Sonne im Norden.

Da diese Methode auf einem exakten astronomischen Prinzip beruht, liefert sie bei korrekter Ausführung die genaue Nord-Süd-Richtung. Man kann diese Methode auch dazu verwenden, die Kompassmissweisung (die Abweichung geografisch Nord von magnetisch Nord) festzustellen.

Nachteil der Methode ist, dass sie einen relativ großen Zeitaufwand benötigt, die Messung nur einmal am Tag, zu Mittag durchgeführt werden kann und zu diesem Zeitpunkt die Sonne auch scheinen muss.

Unglücklicherweise beschreiben die Schattenspitzen gerade im Sommer, wie aus der **Abb. 19** ersichtlich, beinahe einen Halbkreis, so dass es sehr schwierig sein kann,

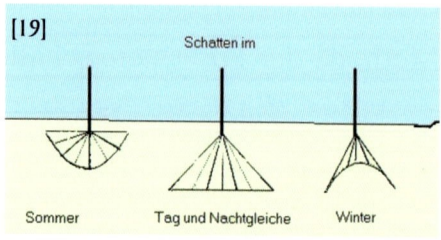

Schatten im

Sommer   Tag und Nachtgleiche   Winter

den kürzesten Schatten zu identifizieren. Auch ein nicht ganz senkrecht aufgestellter Stock kann beträchtliche Fehler verursachen. Die Fehler, also die Abweichung von der genauen Nord-Süd-Richtung, die bei dieser Methode auftreten können, sind aber persönliche Fehler. Die Methode an sich ist genau.

Eine weitere Möglichkeit zur genauen Bestimmung der Nord-Süd-Richtung ist die Bestimmung mittels der ...

Methode der gleichen Schatten oder die Indischen Kreise

Auf einer möglichst ebenen Fläche wird wieder ein senkrechter Schattenstab errichtet. Um den Stab als Mittelpunkt wird ein Kreis gezogen. Der Radius des Kreises soll so gewählt werden, dass das Schattenende des Stabes den Kreis berührt. Die Schattenspitzen beschreiben ja, außer zu den Tagundnachtgleichen, eine Hyperbel. Im Lauf des Tages wird der Kreis zweimal von den Schattenspitzen geschnitten.

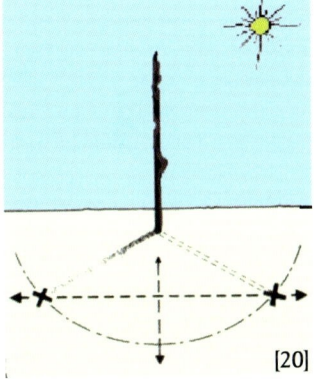

[20]

Theoretische Grundlage für diese Methode ist die Tatsache, dass die Bahn der Sonne am Vormittag und am Nachmittag völlig symmetrisch verläuft. Der Schatten ist also zum Beispiel um 10:00 vormittags genau so lang wie um 14:00 am Nachmittag. Der Winkelabstand von Nord (einmal im Uhrzeigersinn, einmal gegen den Uhrzeigersinn) ist ebenfalls gleich.

Die beiden Schnittpunkte oder Berührungspunkte der Schattenspitzen werden markiert und die Strecke halbiert [Abb. 20]. Die senkrechte Linie von diesem Punkt zum Schattenstab ist die gesuchte Nord-Süd-Linie. Die Verbindungslinie der beiden Berührungspunkte läuft in West-Ost-Richtung, wobei die erste Markierung im Westen liegt. Wenn man mehrere Kreise zieht, müssen alle Mittelsenkrechten auf einer Linie liegen.

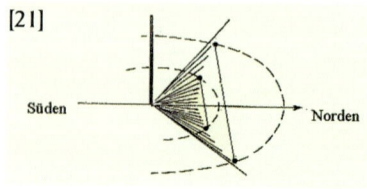

[21]

Süden   Norden

Damit kann man die Genauigkeit seiner Messungen überprüfen **[Abb. 21]**.

Die Nachteile sind dieselben wie bei der Methode des kürzesten Schattens: Ein relativ hoher Zeitaufwand, nur eine Messung während eines Tages möglich und die Sonne muss praktisch den ganzen Tag scheinen. Wenn am Nachmittag die Sonne gerade zum kritischen Zeitpunkt verschwindet, bleibt nichts anderes übrig, als 24 Stunden geduldig zu warten.

Wie bei der Methode des kürzesten Schattens ist auch hier auf eine möglichst genaue lotrechte Aufstellung des Schattenwerfers zu achten. Auch hier kann das Ablesen der Schnittpunkte durch eine fast halbkreisförmige Bahn der Schattenspitzen im Sommer schwierig werden.

Schattenspitzenmethode

Für ein weiteres Verfahren der Richtungsbestimmung mit dem Schatten benötigt man eine genau gehende Uhr. Man steckt wieder einen Stab in einen möglichst waagerechten Grund und markiert die Schattenspitze am Boden. Danach wartet man mindestens 10 Minuten, bis der Schatten ein Stückchen weitergewandert ist.

Danach setzt man neuerlich eine Markierung. Eine Gerade von der ersten zur zweiten Markierung weist ...

     um 6:00 nach N (nicht in Äquatornähe)
     um 12:00 nach O
     um 18:00 nach S (nicht in Äquatornähe)

Am **Äquator** markieren die Schattenspitzen fast den ganzen Tag eine grobe Ostrichtung. Wenn man Norden und Süden vertauscht, gilt dies auch für die südliche Hemisphäre.

Dieses Verfahren kann man auch **schattenlos** beginnen. Der Stock wird mit seiner Spitze schräg in Richtung Sonne platziert und so ausgerichtet, dass er zunächst keinen Schatten wirft. Dann wartet man so lange, bis der Schatten gleichsam aus dem Stock herauswächst. Die Richtung in die der Schatten zeigt, ist identisch mit den oben beschriebenen [**Abb. 22**]. Diese Methode ist nicht sehr genau und zuverlässig, für eine grobe Orientierung aber geeignet.

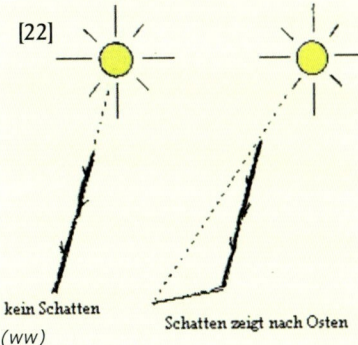

kein Schatten

Schatten zeigt nach Osten

(ww)

Sonne und Uhr

Praktisch in jedem einschlägigen Buch ist dieses einfache Verfahren zur Bestimmung der Südrichtung beschrieben. Es ist dies sicher die bekannteste und verbreitetste Methode. Leider wird die Genauigkeit meist überschätzt und es entsteht auch in der Literatur oft der Eindruck, dass das Verfahren genau ist. Es können aber gewaltige Abweichungen, vor allem in den Sommermonaten und in den südlichen Breiten, auftreten.

Bei ungünstigen Voraussetzungen ist sogar das gefürchtete Im-Kreis-Gehen möglich. Falls jemand die Methode noch nicht kennt, hier ist sie kurz beschrieben:

Man hält die Uhr waagerecht und richtet sie so ein, dass der kleine Zeiger (der Stundenzeiger) in Richtung Fußpunkt der Sonne am Horizont zeigt [**Abb. 22**]. Die Winkelhalbierende zwischen dem Zeiger und der Ziffer 12 zeigt nach Süden (der Minutenzeiger wird nicht beachtet).

Halbieren muss man den Winkel deshalb, weil ja die Sonne in 24 Stunden einen kompletten Kreis mit 360° zurücklegt, der kleine Zeiger unsere Uhr aber für 24 Stunden 2 Kreise benötigt, also doppelt so schnell vorrückt wie die Sonne. Hätten wir eine Uhr mit 24 Stunden auf dem Zifferblatt würde die 12 nach Süden weisen.

Auf der Südhalbkugel muss die Methode etwas modifiziert werden. Hier stellt man die 12 des Zifferblattes in Richtung Sonne. Die Winkelhalbierende zum kleinen Zeiger zeigt hier nach Norden [**Abb. 23**].

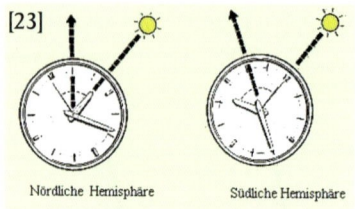

Nördliche Hemisphäre   Südliche Hemisphäre

Auch im hohen Norden, zur Zeit der Mitternachtssonne, ist zu beachten, dass zwischen 18:00 abends und 6:00 morgens die Winkelhalbierende nach Norden zeigt. Die Mitternachtssonne steht ja genau im Norden.

So einfach diese Methode klingt, so wenig genau ist sie. Das hat mehrere Ursachen. Erstens: die waagerechte Lage des Zifferblatts. Die Sonne bewegt sich mit 15° in der Stunde über den Himmel. Am Horizont ändern sich die Richtungswinkel der Sonne mit derselben Geschwindigkeit von 15°, aber nur, wenn die Mittagshöhe der Sonne 45° nicht übersteigt. In den Sommermonaten ändert sich ihr Richtungswinkel am Horizont, ihr Azimut um etwa 25° pro Stunde. Ursache sind die Stundenkreise der Sonne, die von Pol zu Pol laufen und den Himmel nicht in parallele Scheiben, sondern wie die Spalten einer Orange einteilen. Will man diesen Fehler vermeiden, muss man das Zifferblatt der Uhr wie bei einer äquatorialen Sonnenuhr in der Ebene des Himmelsäquators, 90°- Breitengrad, halten. Bei 45° Breite also etwa um 45° geneigt.

Genaues Verfahren

Für das sogenannte **genaue Verfahren** braucht man noch einen Schattenwerfer. Ein Streichholz oder ein anderer dünner stabförmiger Gegenstand wird an den Rand der Uhr zwischen dem Stundenzeiger und der 12 senkrecht zum Zifferblatt gehalten. Die Uhr wird so gehalten, dass die 12 nach oben zeigt und das Zifferblatt im oben erwähnten Winkel (90°-Breitengrad) geneigt ist. Jetzt dreht man sich so lange, bis der Schatten des Stabes über den Drehpunkt der Zeiger fällt. Die 12 zeigt dann in Richtung Süden.

Das **einfache Verfahren** kann in den Wintermonaten und unabhängig vom Datum überall dann angewendet werden, wenn die Mittagshöhe der Sonne 45° nicht übersteigt.

Das kann man einfach feststellen: Wenn die Schattenlänge eines Stockes länger ist als der Stock, dann ist die Höhe der Sonne geringer als 45°. Beginnend von etwa 60° Breite in Richtung Pol kann die einfache Armbanduhrmethode jederzeit angewendet werden. Die Fehlerhaftigkeit liegt hier nur bei etwa 15°.

Praktisch nicht zu gebrauchen ist die Methode in den Tropen. Die Sonne steigt hier zu sehr großen Mittagshöhen auf und kann sowohl im Norden als auch im Süden kulminieren. Die Abweichung von der tatsächlichen Richtung kann bis zu 90° betragen.

Um noch zusätzliche Fehler zu vermeiden, muss auch darauf geachtet werden, dass die Uhr auf Ortszeit eingestellt ist - dass man die Sommerzeit berücksichtigen muss ist klar, aber auch die Zonenzeit kann größere Fehler bei der Ermittlung der Südrichtung verursachen. Mitteleuropäische Zeit gilt zum Beispiel unabhängig von den Längengraden von Portugal bis Warschau, von 9° westlicher Länge bis 21° östlicher Länge.

Ist der Längengrad bekannt, bestimmt man den auf ganze Grade gerundeten Längenunterschied zwischen seinem Standort und dem Bezugsmeridian für die Uhrzeit. Die halbe Gradzahl des Längenunterschieds ist der Winkel, von dem die Südrichtung von der durch den Stundenzeiger angezeigten Richtung abweicht. Ist es nach Ortszeit früher als nach der Uhrzeit, ist die Abweichung in Richtung Westen; ist es nach Ortszeit später, ist die Abweichung nach Osten. Da man wahrscheinlich keinen Winkelmesser dabeihat, muss man die Uhr verwenden.

Wie man sieht, ist die **Uhrenmethode**, will man damit halbwegs genau arbeiten, gar nicht mehr so einfach. Man benötigt eine Menge Zusatzinformationen wie Breitengrad, Längengrad, wahre Ortszeit und Sonnenhöhe. Und selbst wenn man diese Informationen hat, ist man im Notfall mit den notwendigen Korrekturen wahrscheinlich überfordert.

Orientierung nach der wahren Ortszeit

Die Orientierung nach der wahren Ortszeit ist eine verfeinerte Variante der oben beschriebenen Uhrenmethode. Die Methode ist ebenfalls immer einsetzbar, wenn die Mittagshöhe der Sonne 45° nicht übersteigt. Was Sie benötigen, ist die Zeit des wahren Mittags und die Tageszeit. Damit kann man den ganzen Tag über aus dem Stand der Sonne eine relativ genaue Peilung der Himmelsrichtung erhalten.

Zunächst muss man den **wahren Mittag** ermitteln. Der wahre Mittag ist definiert als der Zeitpunkt, in dem die Sonne die Mittagslinie (den lokalen Meridian = Längenkreis) kreuzt. Nur in speziellen Fällen (wenn Sie sich auf einem Meridian befinden, der für die Zonenzeit verantwortlich ist) wird der wahre Mittag mit 12:00 auf ihrer Uhr zusammenfallen.

Der wahre Mittag liegt immer exakt zur Halbzeit zwischen Sonnenaufgang und Sonnenuntergang. Zur Bestimmung des wahren Mittags notiert man sich die genaue Zeit des Sonnenaufgangs und die Zeit des Sonnenuntergangs, addiert die beiden Werte und dividiert durch zwei. Die erhaltene Zeit ist genau die Durchgangszeit der Sonne durch die Mittagslinie, der wahre Mittag.

Sie haben zum Beispiel den Sonnenaufgang (wenn der obere Rand der Sonne gerade den Horizont berührt) um 7:15 und den Sonnenuntergang (wenn der obere Rand der Sonne gerade verschwindet) um 19:33 beobachtet.

7:15 + 19:33 = 26:48 / 2 = 13:24

Die Zeit des wahren Mittags nach ihrer Uhr liegt dann bei 13 Uhr 24 Minuten. Wollte man jetzt seine Uhr auf wahre Ortszeit (WOZ) einstellen, müsste man sie um 1 Stunde 24 Minuten zurückstellen. Es ist aber nicht nötig die Uhr zurückzustellen, es genügt wenn man sich merkt, dass am nächsten Tag die Sonne um 13:24 genau im Süden steht.

Jetzt ist aber meist, außer vielleicht auf See, kein so idealer Horizont vorhanden, um den Sonnenaufgang genau zu beobachten. Da der Weg der

Sonne absolut symmetrisch verläuft, kann man sich aber helfen, indem man eine bestimmte Höhe der Sonne zu einer bestimmten Zeit am Vormittag misst und die Zeit notiert in der die Sonne am Nachmittag wieder genau diese Höhe erreicht.

Es kommt hier nicht auf die tatsächliche Höhe der Sonne an, sondern nur darauf, dass die Höhe der Sonne, der Abstand vom Horizont am Vormittag und am Nachmittag gleich ist. Man kann dazu seine Hände verwenden oder ein primitives Instrument, dass von den alten Arabern für ihre Navigation verwendet wurde. Dieser primitive "Sextant" ist der **Kamal**. Der Kamal ist nur ein Stückchen Holz oder Karton mit einer Knotenschnur [Abb. 24].

[24]   *(ww)*

Beim Gebrauch wird die Schnur bei einem bestimmten Knoten mit den Zähnen gehalten und über die Kante bei gestreckter Schnur visiert. Statt der

Schnur kann auch ein Stock verwendet werden. Wichtig ist nur, dass die Platte in einer definierten Entfernung vom Auge gehalten wird. Mit diesem Instrument lassen sich leicht vergleichbare Winkelmessungen durchführen. Verwendet man verschiedene Knoten, kann man auch mehrere Sonnenhöhen zu unterschiedlichen Zeiten messen und aus den ermittelten Werten für den wahren Mittag einen Durchschnittswert bilden [Abb. 25].

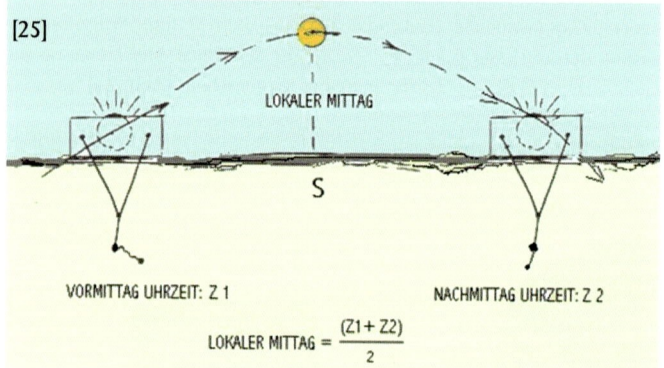

[25]

LOKALER MITTAG

S

VORMITTAG UHRZEIT: Z 1   NACHMITTAG UHRZEIT: Z 2

$$LOKALER\ MITTAG = \frac{(Z1 + Z2)}{2}$$

Mit der Methode der gleichen Schatten kann man ebenfalls recht einfach den wahren Mittag berechnen. Man notiert sich die beiden Uhrzeiten, an denen die Schattenspitzen den Kreis berühren und dividiert auch hier die ermittelten Zeiten durch 2. Mit mehreren Kreisen (Indischen Kreisen) könnte die Methode noch verfeinert werden [Abb. 26, 27].

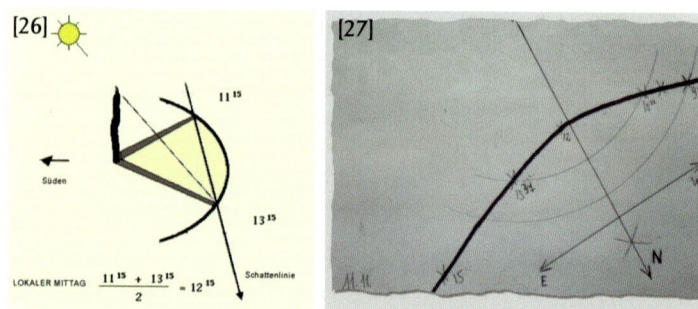

[26]

11^{15}

Süden

13^{15}

LOKALER MITTAG $\frac{11^{15} + 13^{15}}{2} = 12^{15}$ Schattenlinie

[27]

N

E

Haben Sie den wahren Mittag ermittelt, können Sie sich die Peilung der Sonne zu jeder Tageszeit berechnen. Sie wissen, dass die Sonne zu Mittag genau im Süden steht. Ihre Peilung ist 180°. Sie wissen auch, dass sich die Sonne auf ihrem Tagbogen mit 15° in der Stunde von Osten nach Westen bewegt.

Ein Beispiel: Auf Ihrer Uhr ist es 11:20. Sie haben ermittelt, dass der wahre Mittag, wiederum nach Ihrer Uhr, um 13:40 liegt. Um 13:40 steht also die Sonne genau im Süden auf 180°. 11:20 ist somit 2 Stunden 20 Minuten vor Mittag.

2 Stunden 20 Minuten kann man auch 2,33 (2+20/60) Stunden schreiben. Sie wissen, dass die Sonne mit 15° / Stunde wandert. 2,33 x 15° = ca. 35°. Die aktuelle Peilung der Sonne bezogen auf ihren Fußpunkt am Horizont ist also 180° - 35° = 145°.

Für diese Methode gelten die gleichen Einschränkungen wie für die Uhrenmethode. Hier sei nochmals darauf hingewiesen, dass die Mittagshöhe der Sonne 45° nicht übersteigen soll. Bei größeren Höhen ist die Abweichung zu groß. In den Tropen kann diese Methode ebenfalls nicht verwendet werden.

Schattenspitzenmethode nach Owendoff

Diese Methode wurde 1959 durch Bob Owendoff entwickelt und in der Folge vom Amerikanischen Roten Kreuz, von der US Army, von der National Geographic Society, vom US National Park Service und von verschiedenen Pfadfinderorganisationen übernommen. Die Methode erfüllt eigentlich alle Anforderungen, die man an eine Orientierungsmethode für den Notfall stellt: Sie ist annehmbar genau, leicht zu lernen, leicht zu behalten und einfach in der Durchführung.

Außerdem liefert sie praktisch überall auf der Erde das ganze Jahr hindurch akzeptable Ergebnisse, wobei der Fehler nie mehr als 25° beträgt.

Die Durchführung ist einfach: Man steckt einen Stab von etwa 1 m Länge in einen halbwegs ebenen Boden. Eine lotrechte Aufstellung ist nicht unbedingt nötig. Man könnte sogar den Schatten irgendeines passenden Objekts nehmen, da nur die Schattenspitzen markiert werden. Unmittelbar danach markiert man die Schattenspitze mit einem Stein, einem Stock oder irgendetwas, was gerade zur Verfügung ist. Danach wartet man etwa 10 - 15 Minu-

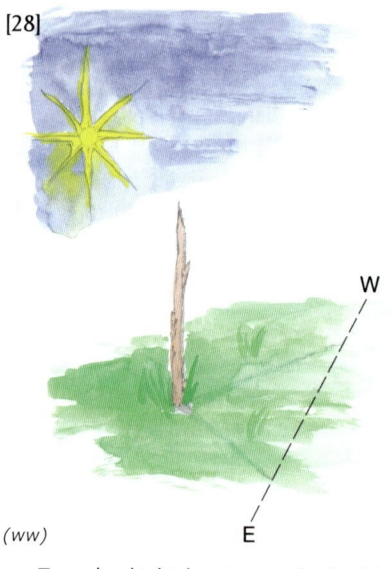

[28]

(ww)

ten und markiert neuerlich die Schattenspitze. Jetzt zieht man eine gerade Linie von der ersten Markierung zur zweiten Markierung. Das ist eine ungefähre Ost-West-Linie, wobei die erste Markierung immer westlich und die zweite Marke immer östlich liegt - und das überall auf der Erde.

Eine Linie im rechten Winkel zur West-Ost-Linie ergibt die genäherte Nord-Süd-Linie **[Abb. 28]**.

Wie in **Abb. 19** zu sehen ist, beschreiben die Schattenspitzen aber nur zur Tagundnachtgleiche eine gerade Ost-West-Linie. In der übrigen Zeit ist diese Linie eine Hyperbel. Die Ost-West-Linie ist also meist eine Tangente an die Schattenspitzenkurve und die Nord-Süd-Linie weicht daher meist von der wahren Nord-Süd-Richtung ab. Nur an den Tagen der Tagundnachtgleiche am 21. März und am 23. September und zum lokalen Mittag erhält man mit dieser Methode die wahren Himmelsrichtungen.

Die Fehler sind am größten nahe Sonnenaufgang und Sonnenuntergang und nahe den Sonnenwenden (21. Juni und 21. Dezember). Da die **Schattenkurven** aber symmetrisch verlaufen, gleichen sich am Morgen gemachte Fehler am Nachmittag wieder aus - der Fehler am Ende des Tages ist also fast null **[Abb. 29, 30]** (☞ nächste Seite).

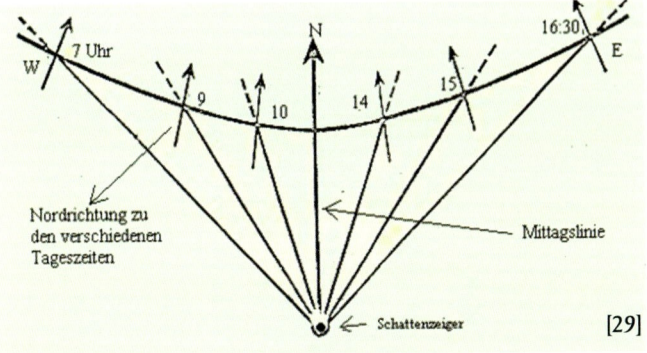

[29]

[30]

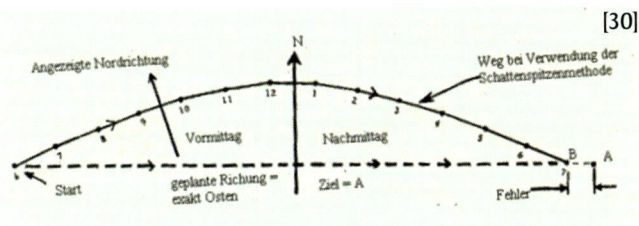

Bestimmung der Uhrzeit mit der Schattenspitzenmethode

Mit der Schattenspitzenmethode kann man auch eine genäherte Uhrzeit bestimmen. Es handelt sich aber nicht um eine klassische Sonnenuhr. Die hier beschriebene Schattenuhr zeigt immer zu Sonnenaufgang 6:00 und zu Sonnenuntergang 18:00; 12:00 entspricht immer dem wahren Mittag. Diese Uhr teilt den Tag in 12 Stunden, die aber nicht gleich lang sind.

Und so geht man vor: Um die Mittagszeit ermittelt man mit der Schattenspitzenmethode die wahre West-Ost-Linie. Zur gefundenen West-Ost-Linie zieht man eine Linie im rechten Winkel – das ist unsere Mittagslinie. Am Schnittpunkt der beiden Linien platziert man einen Stock möglichst senkrecht, wenn nötig mit Hilfe eines Lots.

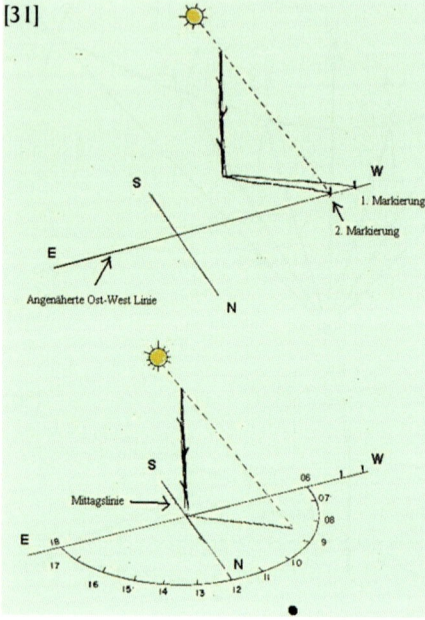

Der Schatten des Stockes ist nun der Stundenzeiger unserer Schattenuhr. 6:00 ist genau im Westen und 18:00 ist im Osten. 12:00 ist bei genauer Arbeit der wahre Mittag. Zieht man einen Halbkreis, kann man sich ein Zifferblatt von 6:00 (Westen) bis 18:00 (Osten) einteilen, 12:00 halbiert den Halbkreis. Der Zeiger unserer Uhr bewegt sich auf der südlichen Hemisphäre, also südlich von 23,45° südlicher Breite gegen den Uhrzeigersinn, da ja die Sonne im Norden ihre Bahn zieht. Aber auch wenn sich der Schatten gegen den Uhrzeigersinn bewegt, bleibt 6:00 weiter im Westen und 18:00 im Osten [Abb. 31].

Orientierung nach der Sonne ohne Sonne

Jetzt kann es natürlich vorkommen, dass der Himmel dick bewölkt ist und man den Stand der Sonne beim besten Willen nicht eindeutig feststellen kann. Aber auch hier können wir uns helfen. Suchen Sie sich ein möglichst flaches nicht zu breites etwa 10 bis 15 cm langes Etwas. Ein Stück Holz, Rinde, ein Blatt, ein Stück Papier. Die Klinge eines Taschenmessers ist ideal. Nun suchen Sie sich ein kleines Stückchen ebenen Boden, bei der Messerklinge reicht der Daumennagel, und lassen Ihren Schattenzeiger einen diffusen Schatten werfen.

Wenn Sie jetzt den Schattenzeiger drehen, wird der Schatten irgendwann verschwinden. Drehen Sie weiter, erscheint er wieder. Diese Zwischenstellung, an der der Schatten verschwunden ist, weist Ihnen die Richtung zur Sonne.

Kennen Sie die Position der Sonne und haben Sie auch noch die Uhrzeit, ist es nicht weiter schwierig, auf der Nordhalbkugel Süden, auf der südlichen Hälfte unserer Erdkugel Norden am Horizont annähernd festzulegen.

Orientierung nach der Sonne ohne Sonne

Schattenkompass

Es ist natürlich mühsam und zeitraubend (vor allem wenn es keine auffälligen Landmarken gibt), alle paar Kilometer seinen Kurs mit einer der oben beschriebenen Methoden zu kontrollieren. Als grobes Hilfsmittel kann der Winkel des eigenen Schattens dienen, wobei zu beachten ist, dass sich die Sonne stündlich um 15° weiterbewegt. Weit besser eignet sich für diese Zwecke ein **Sonnenkompass**, den man mit einfachen Hilfsmitteln rasch herstellen kann. Alles was man dazu benötigt, ist ein Stück flaches Holz oder Karton, etwa von der Größe einer Postkarte, und einen kurzen (3 bis 5 cm) geraden Stab (Stückchen Holz, Zündholz, Nadel, Büroklammer, Schraube) als Schattenwerfer.

Zunächst wird der **Schattenwerfer**, bei Sonnenuhren nennt man dieses Stück **Gnomon**, exakt senkrecht am Rand unserer kleinen Tafel platziert. Von diesem Gnomon weg zeichnet oder ritzt man sich eine gerade Linie an einer günstigen Stelle. Diese Linie ist unsere Nord-Südlinie. Ein Pfeil am Ende markiert die Richtung Nord. Nachdem Sie Nord nach einer der oben beschriebenen Methoden bestimmt haben, richten Sie ihr Brett exakt nach Norden aus und markieren die Schattenspitze des Schattenwerfers am Brett. Eine auf die Nord-Süd-Linie senkrechte Gerade durch diesen Punkt ist dann die Schattenlinie für diesen Tag. Die gleiche Prozedur eine halbe Stunde später ergibt einen zweiten Punkt auf ihrer Linie. Die Verbindung 1. Punkt zum 2. Punkt zeigt nach Osten. Sie können jetzt die **Himmelsrichtungen** auf ihrem improvisierten Kompass markieren.

Wenn Sie jetzt mit Hilfe dieses Kompasses die Himmelsrichtungen bestimmen wollen, brauchen Sie nur das Brett waagerecht zu halten (was freihändig gar nicht so leicht ist) und sich so lange langsam drehen, bis die Spitze des Schattens ihre gezeichnete Schattenlinie berührt. Der "Kompass" ist dann eingenordet und Sie können die Himmelsrichtungen ablesen.

Die Methode ist im Prinzip die gleiche wie die Schattenspitzenmethode nach Owendoff, man braucht aber nicht 10 Minuten zu warten. Dieser Kompass muss täglich geeicht werden.

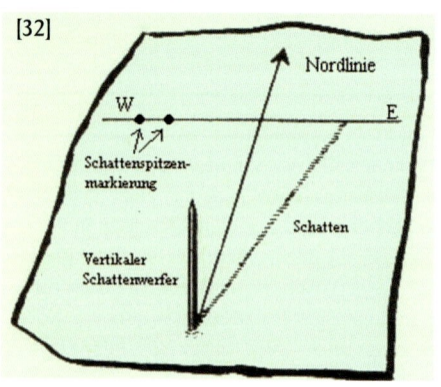

Die größte Schwierigkeit und Fehlerquelle bei der Verwendung dieses Sonnenkompasses ist seine waagerechte Positionierung. Es empfiehlt sich daher für das Brett eine Aufhängung zu konstruieren. Schnüre an jeder Ecke, die über dem Zentrum verknotet sind die einfachste Variante [Abb. 32].

Hat man einen Tag Zeit, kann man sich einen Sonnenkompass basteln, der nicht nur einen Tag, sondern mehrere Wochen exakt arbeitet. Dazu bastelt man sich einen Kompass wie oben beschrieben und stellt ihn an eine Stelle, die den ganzen Tag von der Sonne beschienen ist. Ist die Nordrichtung bereits bekannt, richten Sie ihren Kompass aus, fixieren das Brett und markieren die Schattenspitze des Schattenzeigers. So wie sich die Sonne im Lauf des Tages bewegt, bewegt sich auch die Spitze des Schattens. Man markiert nun die Schattenspitze im Verlauf des ganzen Tages. Je mehr Punkte markiert werden, desto genauer wird der Kompass. Am Ende des Tages verbinden Sie alle Punkte, die meist eine geschwungene Linie ergeben werden. Je näher Sie am Äquator und je zeitlich näher Sie bei den Tagundnachtgleichen (21. März und 23. September) sind, desto gerader wird die Kurve ausfallen.

Der Punkt mit dem kürzesten Abstand vom Gnomon entspricht dem **Lokalen Mittag**, 12:00 **Ortszeit**. Die Verbindungslinie Basis des Schattenzeigers zu diesem Punkt ist die **Mittagslinie** und zeigt genau nach Norden. Diese Linie markiert man mit einem Pfeil an der Spitze **[Abb. 33]**.

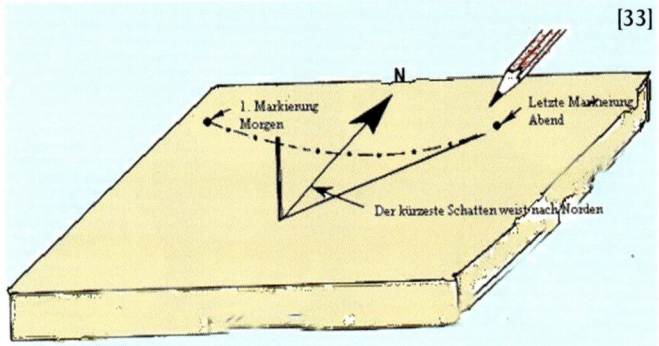

Verwendet wird der Sonnenkompass genauso wie der vorher beschriebene. Man kann ihn durchaus mehrere Wochen verwenden, ohne dass die Genauigkeit leidet.

Orientierung
nach dem Mond

Obwohl die Orientierung nach dem Mond komplizierter und meist auch etwas ungenauer als die Orientierung nach der Sonne ist, sollten Sie trotzdem nicht auf den Mond als Richtungsweiser verzichten. Als größtes und hellstes Gebilde am Nachthimmel, kann er in bestimmten Situationen ihr einziges Hilfsmittel sein. Denken Sie nur an die **Dämmerung**: Die Sonne ist untergegangen oder noch nicht aufgegangen, die Sterne kann man wegen der Helligkeit nicht sehen - was bleibt, ist der Mond.

Irgendwie ist der Mond schon ein schwieriger Bursche. Da erscheint er als schmale **Sichel** am Abendhimmel, ein paar Tage später beleuchtet er als prächtiger **Vollmond** die Szenerie. Einmal ist er von rechts beleuchtet, einmal von links und dann taucht er zu allem Überdruss auch noch am helllichten Tag auf. Und danach soll man sich nun orientieren? Keine Angst. Auch der Mond gehorcht den Gesetzen der Astronomie und ganz so kompliziert, wie es auf den ersten Blick aussieht, ist die Bewegung des Mondes gar nicht.

Während die Erde einmal im Jahr die Sonne umrundet, kreist der Mond in dieser Zeit etwa zwölfeinhalbmal um die Erde. Wie alle Gebilde am Himmel bewegt er sich von Osten nach Westen, also auf der Nordhalbkugel von links nach rechts beim Blick nach Süden. Für einen Umlauf um die Erde - etwa von Vollmond zu Vollmond - benötigt der Mond rund 30 (genauer 29,5) Tage. Unser Wort Monat lässt diese Beziehung zum Mond unschwer erkennen.

Auf Grund seiner eigenen Bewegung um die Erde wandert er außerdem täglich um etwa 12° von Westen nach Osten. In etwa 30 Tagen durchläuft der Mond einen kompletten Kreis von 360° um die Erde. 360° : 30 Tage = 12° pro Tag. Sehen wir ihn heute zu einer bestimmten Uhrzeit vor einem bestimmten Sternbild stehen, ist er morgen zur gleichen Zeit bereits um etwa 12° nach links (Osten) verschoben.

Der Mond ist somit für den Betrachter nicht nur das größte, sondern auch das schnellste Gebilde am Himmel.

Das eindrucksvollste am Mond sind aber seine unterschiedlichen Beleuchtungszustände, seine Lichtgestalten, die **Mondphasen**.

Der Mond leuchtet nicht selbst, sondern wird, wie auch die Erde, von der Sonne beleuchtet. Mit diesem Wissen lässt sich aber schon was anfangen, denn man kann vom beleuchteten Teil des Mondes auf die Stellung der Sonne schließen. Stellt man sich die beleuchtete Sichel als Bogen vor, würde ein

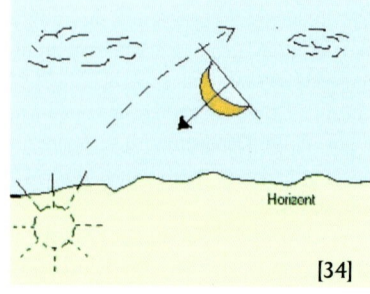

Pfeil, der von diesem Bogen abgeschossen wird, in Richtung Sonne fliegen [vorherige Seite, **Abb. 34**].

Wie bei der Erde, ist auch beim kugelförmigen Mond immer die der Sonne zugewandte Seite beleuchtet, die von der Sonne abgewandte Seite ist dunkel. Da sich der Mond um die Erde dreht, sehen wir von der beleuchteten Kugel, oder besser Halbkugel nur einen mehr oder weniger großen Abschnitt. Welchen Abschnitt wir sehen, ist vom **Winkelabstand** des Mondes zur Sonne abhängig [**Abb. 35**].

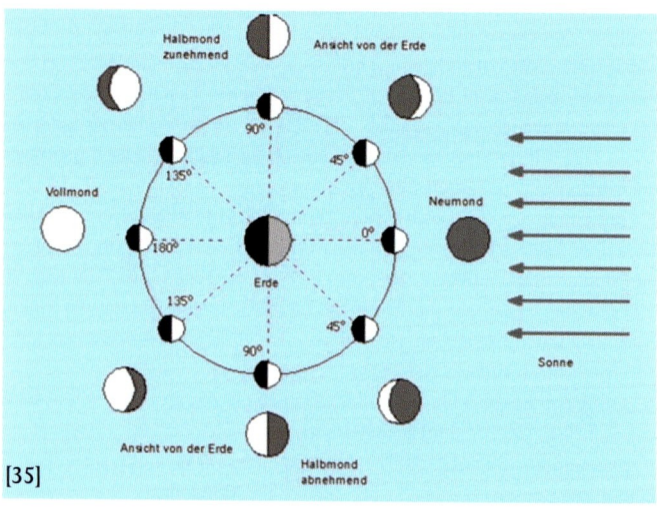

Diese Winkelabstände zwischen Sonne und Mond sind für die Orientierung nach dem Mond von entscheidender Bedeutung.

Steht der Mond zwischen Erde und Sonne (Winkelabstand 0°) blicken wir auf die unbeleuchtete und in dieser Phase nicht sichtbare Seite des Mondes. Es ist Neumond. Der **Neumond** bewegt sich mit der Sonne bei Tag über den Himmel und ist, da er vom Sonnenlicht überstrahlt wird, nicht sichtbar. Die Bahn des Mondes ist um etwa 5° zur Erdumlaufbahn geneigt und verläuft daher meist etwas nördlich oder südlich der Sonnenbahn. Nur bei einer **Sonnenfinsternis**, wenn der Neumond direkt an der Sonne vorbeizieht, ist er sichtbar.

Der Mond beginnt jetzt von Westen nach Osten, also von links nach rechts um die Erde zu wandern. Wenn sein Abstand zur Sonne etwa 30° beträgt, wird er als schmale Sichel am westlichen Abendhimmel sichtbar. Sein zeitlicher Abstand zur Sonne beträgt jetzt 2 Stunden.

Erinnern wir uns: Alles am Himmel bewegt sich mit 15° in der Stunde. Der Mond hat also jetzt einen östlichen Abstand von 30° oder 2 Stunden zur Sonne. Da sich der Mond östlich, also links der Sonne, befindet, ist seine rechte Seite beleuchtet.

**Rechte Mondseite beleuchtet = zunehmender Mond
(gilt für die nördliche Halbkugel).**

Wenn die Sonne um 12:00 ihren Meridiandurchgang hat, also im Süden steht, erreicht der 30° zunehmende Mond seine Südstellung erst 2 Stunden später, also um 14:00.

Der Mond wandert nun täglich um 12° nach links weiter und erreicht nach etwa 7 Tagen einen Winkelabstand von 90° (6 Stunden) zur Sonne. Der Mond steht jetzt 90° östlich der Sonne und wir erblicken genau die Hälfte der beleuchteten Halbkugel. Der Mond hat jetzt das 1. Viertel erreicht. Die Schattengrenze ist gerade und der Mond erscheint als Halbmond. Der zunehmende Halbmond hat einen zeitlichen Abstand von 6 Stunden zur Sonne. Wenn die Sonne um 18:00 untergeht, erreicht der zunehmende Halbmond seine Südstellung.

Der Winkelabstand zur Sonne wird nun immer größer, die Schattengrenze verschiebt sich mehr und mehr nach links, bis der Mond schließlich der Sonne nach etwa 14 Tagen genau gegenübersteht. Der Winkelabstand beträgt nun 180°. Es ist **Vollmond**. Vollmond bedeutet einen zeitlichen Abstand von 12 Stunden zur Sonne. Er geht auf, wenn die Sonne untergeht, erreicht seine Südstellung um Mitternacht und geht unter, wenn die Sonne aufgeht.

Von nun an laufen die Phasen spiegelbildlich ab. Der Mond ist jetzt von links beleuchtet und er befindet sich westlich, also rechts der Sonne.

Linke Mondseite beleuchtet = abnehmender Mond
(gilt für die nördliche Halbkugel).

Bei 90° Abstand nach ungefähr 22 Tagen erscheint der Mond wieder als **Halbmond**, das sogenannte letzte Viertel, diesmal allerdings von links beleuchtet. Der abnehmende Halbmond geht um Mitternacht auf und erreicht seine Südstellung um 6:00 früh.

In der Folge wird der westliche Abstand des Mondes von der Sonne immer geringer und der 30° abnehmende Mond ist schließlich nur mehr kurz vor Sonnenaufgang am östlichen Morgenhimmel zu sehen. Ein paar Tage später schließt sich der Kreis. Es ist wieder Neumond.

Grobe Orientierungsregeln

Aus dem bisher Gesagten lässt sich bereits eine sehr grobe Orientierungsregel ableiten:

1. **Wenn der Mond aufgeht bevor die Sonne untergegangen ist, zeigt seine beleuchtete Seite nach Westen.**
2. **Wenn der Mond nach Mitternacht aufgeht, zeigt seine beleuchtete Seite nach Osten.**

Aber etwas genauer geht es natürlich schon. Für die Orientierung nach dem Mond ist das Abschätzen der beleuchteten Fläche und damit des Winkelabstandes zur Sonne das entscheidende Kriterium. Das ist reine Übungssache. Am besten erhält man eine Vorstellung der Winkel, wenn Sonne und Mond gleichzeitig am Himmel zu erkennen sind und man direkt die beleuchtete Fläche und den entsprechenden Winkel schätzen oder messen kann.

Für die folgenden Orientierungsverfahren sollte man sich die vereinfachten Werte für die Südstellung (180°) des Mondes einprägen:

1. *Der zunehmende Halbmond ist um 18:00 im Süden. Abstand zur Sonne: 6 Stunden später.*

2. *Der Vollmond ist um 24:00 im Süden. Abstand zur Sonne: 12 Stunden später.*

3. *Der abnehmende Halbmond ist um 6:00 im Süden. Abstand zur Sonne: 6 Stunden früher.*

   Für die Zwischenphasen ändert sich die Südstellung entsprechend dem Winkelabstand.
   Alles am Himmel bewegt sich mit 15° pro Stunde.

Winkelabstand	30°	45°	60°	90°	120°	150°	80°
Stunden	2	3	4	6	8	10	12

Gegenpunktverfahren

Bei diesem Verfahren wird zuerst aus dem Winkelabstand des Mondes zur Sonne der Standpunkt der Sonne unter dem Horizont geschätzt. Zu dieser geschätzten Peilung addiert man 180° und erhält damit gegenüber der nicht sichtbaren Sonne eine fiktive Sonne über dem Horizont. Auf diese lässt sich dann die Uhrenregel, wie im Kapitel "Orientierung nach der Sonne" beschrieben, anwenden.

Das ist legitim, da ja unsere Uhren 2 mal 12 Stunden anzeigen und der Gegenpunkt, unsere fiktive Sonne, ihre obere Kulmination, also ihre Südstellung, um Mitternacht hat. Die tatsächliche Sonne steht zu diesem Zeitpunkt exakt im Norden.

Beispiel: Es ist 5:00 morgens und der Mond ist im letzten Viertel. Die Sonne ist noch nicht aufgegangen, die Sterne sind aber in der Morgendämmerung bereits verblasst. Die einzige Möglichkeit, die Sie haben, ist der Mond. Letztes Viertel bedeutet, der Mond ist von links beleuchtet, die Schattengrenze ist gerade.

Winkelabstand zur Sonne 90°. Sie zeigen mit dem linken gestreckten Arm auf den Mond und schwenken dann den Arm 90° in Richtung Sonne. Haben Sie die Sonnenposition unter dem Horizont ermittelt, strecken Sie den rechten Arm aus und markieren somit den Gegenpunkt in 180° Abstand von der Sonne. Auf diesen Gegenpunkt lässt sich nun die einfache Uhrenregel anwenden. Der kleine Zeiger (Stundenzeiger) zeigt auf den Fußpunkt der fiktiven Sonne am Horizont, die Mitte zwischen dem Stundenzeiger und der Ziffer 12 zeigt nach Süden.

Prinzipiell wäre es natürlich auch möglich, die Uhrenregel gleich auf die nicht sichtbare Sonne anzuwenden. In diesem Fall würde die 12 Mitternacht bedeuten und die Halbierung in Richtung Norden weisen.

Zwölftelverfahren

Beim Zwölftelverfahren wird nicht der Winkelabstand zur Sonne, sondern der beleuchtete Teil des Mondes in Zwölftel abgeschätzt. Gleichzeitig benötigt man noch die Uhrzeit (WOZ).

Der Vollmond hat 12 Zwölftel, der Neumond 0 Zwölftel und der Halbmond 6 Zwölftel.

Man schätzt jetzt, wie viele Zwölftel von der Sonne beleuchtet sind, und zieht den Zähler des Bruches (bei 6/12 also 6) bei **zunehmendem** Mond von der Uhrzeit **ab**, bei **abnehmendem** Mond rechnet man den Zähler zur Uhrzeit hinzu.

Ist das Ergebnis über 24, wird 24 abgezogen.

Die errechnete Zeit ist die Uhrzeit, an der die Sonne die aktuelle Position des Mondes einnehmen würde. Mit der Taschenuhrmethode (die errechnete Zeit Richtung Mond und halber Winkel zu 12:00) kann man jetzt die Südrichtung oder direkt die Peilung des Mondes abschätzen **[Abb. 36]**.

Phase	30°	45°	60°	90°	120°	150°	180°
Zwölftel	2	3	4	6	8	10	12

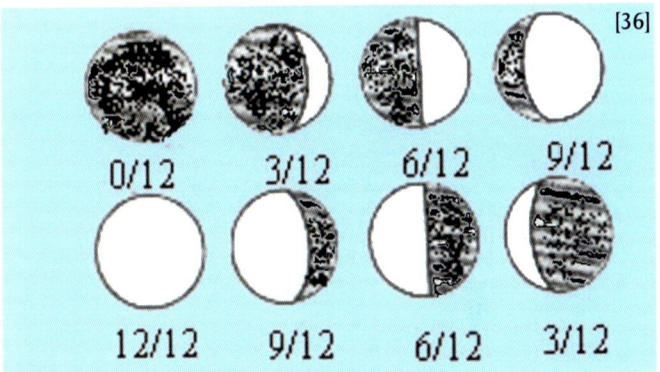

Beispiel: Es ist 22:00, man sieht 6/12, bei zunehmenden Mond (also Halbmond 1. Viertel). 22 - 6 = 16. Der Mond steht also dort, wo die Sonne um 16:00 war.

Ermittlung der Südstellung nach der Uhrenregel oder folgende kleine Rechnung: Der Mond steht dort, wo die Sonne etwa 4 Stunden nach ihrer Kulmination in Südstellung (180°) war. 4 Stunden bedeutet 60° westlich (rechts) der Südstellung.

Das heißt, der Mond steht jetzt bei etwa 240°. 30° weiter rechts ist in etwa Westen, 60° nach links Süden.

Hat man einen Kalender, in dem die Hauptphasen des Mondes angegeben sind, lassen sich die Zwölftel genauer bestimmen. Pro Tag ändert sich die Mondphase um etwa 1 Zwölftel (genauer 0,8 Zwölftel).

Orientierung nach den Mondphasen

Am einfachsten ist die Orientierung nach den Mondphasen bei Vollmond. Da der Vollmond praktisch eine Gegensonne (Winkelabstand 180° oder 12 Stunden) ist, kann man eigentlich mit den gleichen Einschränkungen alle Verfahren wie bei der Orientierung nach der Sonne anwenden. Im günstigsten Fall wirft der Vollmond sogar einen Schatten.

Alle anderen Phasen erfordern ein wenig Überlegung und möglichst genaues Abschätzen der Winkelabstände [Abb. 37].

In der folgenden Tabelle sind die entsprechenden Werte aufgelistet:

Zunehmender Mond:

Winkelabstand	30°	45°	60°	90°	120°	150°	180°
Stunden	2	3	4	6	8	10	12
Südstellung	14:00	15:00	16:00	18:00	20:00	22:00	24:00

Abnehmender Mond:

Winkelabstand	180°	150°	120°	90°	60°	45°	30°
Stunden	12	10	8	6	4	3	2
Südstellung	00:00	02:00	04:00	06:00	08:00	09:00	10:00

Beispiel: Sie beobachten den abnehmenden 60°-Mond um 4:00 morgens. Seine Kulmination erreicht der abnehmende 60°-Mond 4 Stunden vor der Sonne, also um 8:00. Es ist aber erst 4:00. Das heißt, der Mond befindet

sich 4 Stunden oder 60° vor seiner Südstellung in 180°. Seine Peilung ist
somit 120°.

60° nach rechts befindet sich Süden.

Es sei nochmals darauf hingewiesen, dass das Abschätzen der Mondphasen sehr viel Übung benötigt. Auch der genaue Zeitpunkt des Vollmondes ist
schwierig zu bestimmen. Am besten gelingt meist die Abschätzung des halben Mondes. Ist der Himmel bedeckt und man erkennt zwar den Mond, aber
nicht seine Phase, kann man aus einem Taschenkalender - sofern man einen
dabeihat - der üblicherweise nur die Hauptphasen angibt, einfach auf die
Phase für das aktuelle Datum schließen. Der Mond ändert seine Phasen in
2,5 Tagen um 30°.

Das oben Gesagte trifft für unsere nördliche Halbkugel zu. Auf der südlichen Hälfte unserer Erde geht der Mond zwar ebenso im Osten auf und im
Westen unter, die Mondphasen sind aber genau umgekehrt. Mond von rechts
beleuchtet bedeutet auf der südlichen Halbkugel: abnehmender Mond. Mond
von links beleuchtet: zunehmender Mond.

In den Tropen kommt es durch die steil ansteigende Bahn der Sonne zu
ganz ungewöhnlichen Mondfiguren, die eine Orientierung nach dem Mond
praktisch unmöglich machen.

Orientierung
nach den Sternen

Bevor wir uns der Richtungsfindung nach den Gestirnen zuwenden, sollten wir uns noch ein wenig theoretisch mit der Welt über uns auseinandersetzen. Wie schon im Kapitel über die Orientierung nach der Sonne erwähnt, bleiben wir bei unserem mittelalterlichen Weltbild mit der Erde als Zentrum und lassen den Himmel über uns kreisen. Mit dieser Modellvorstellung können wir gut leben.

Wir betrachten den Himmel über uns als Kugel oder Halbkugel, an der die Sterne innen fixiert sind. Die mathematische Astronomie verwendet dafür den Begriff der scheinbaren Himmelskugel.

Für uns schaut es tatsächlich so aus, als ob alle Sterne dieselbe Entfernung zur Erde hätten - das stimmt aber überhaupt nicht. Die Sterne eines Sternbildes, die uns auf der Erde ja als Einheit und gleichsam am Himmelsgewölbe nebeneinander befestigt erscheinen, sind oft in der Tiefe des Weltraumes viele, viele Lichtjahre (ein Lichtjahr entspricht ca. 10 Billionen Kilometer = 10.000.000.000.000 km) voneinander entfernt und bewegen sich auch relativ rasch.

Wir können das aber aufgrund der gewaltigen Entfernungen nicht bemerken. Für uns scheinen die Sterne in ihrer Position zueinander fixiert, die **Sternbilder** ändern ihre Gestalt nicht. Als einer der schnellsten Sterne am Himmel gilt ein kleiner Stern (61 Cygni) im Sternbild Schwan. Astronomisch gesehen rast er so dahin, dass er der "fliegende Stern" genannt wird. Seine Geschwindigkeit beträgt etwa ein halbes Grad in dreieinhalb Jahrhunderten! Ein halbes Grad entspricht der Breite des Vollmondes oder einem Viertel Fingerbreit. Nach menschlichen Begriffen steht der Stern still.

Wo diese Halbkugel die Beobachterebene schneidet, befindet sich unser Horizont. Einen idealen kreisförmigen Horizont hat man allerdings nur auf hoher See. Der normale landschaftliche Horizont ist mehr oder weniger unregelmäßig. Den Punkt am Himmelsgewölbe direkt über uns nennt man den Scheitelpunkt oder **Zenit**.

Auf einfache Weise kann man diesen **Scheitelpunkt**, der sich in einem 90°-Winkel zur Horizontebene befindet, ermitteln, indem man einen Stern, von dem man annimmt, dass er im Zenit (Scheitelpunkt) steht, fixiert und sich dann bei gleicher Kopfhaltung um 180° auf der Stelle dreht. Bleibt der Stern in der Blickrichtung, ohne dass man sich das Genick bricht, steht er tatsächlich im Zenit. [Abb. 38].

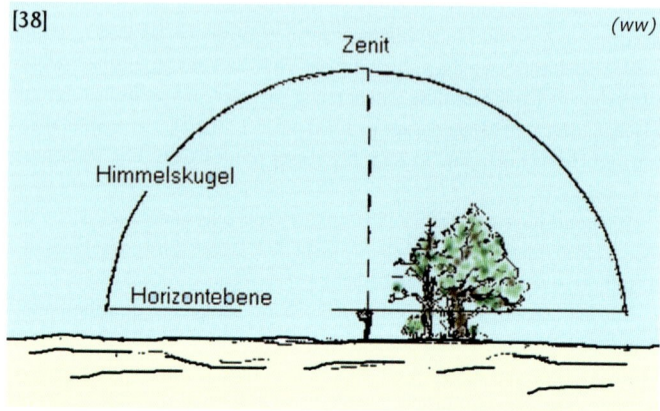

Würde sich die Erde nicht um die Sonne bewegen, wären das ganze Jahr über die gleichen Sterne an der gleichen Position zu finden. Für den Sterngucker wäre das langweilig, für die Orientierung natürlich wunderbar. Leider tut uns die Erde diesen Gefallen nicht. Sie rotiert einmal täglich um ihre eigene Achse und außerdem wandert sie einmal im Jahr auf einer elliptischen Bahn um die Sonne. Auf der Erde werden uns dadurch zwei Bewegungen vorgetäuscht:

▷   die **Eigendrehung** der Erde verursacht die tägliche, scheinbare Drehung des gesamten Himmelsgewölbes von Ost nach West.

▷   die jährliche Bewegung um die Sonne bewirkt die Veränderung des Sternenhimmels im Lauf eines Jahres.

Die tägliche scheinbare Rotation der Sterne von Ost nach West wird durch die Drehung der Erde um ihre Achse verursacht. Verlängern wir die Erdachse, die durch Nord- und Südpol zieht, so schneidet diese Achse das Himmelsgewölbe an zwei Punkten. Im Norden beim nördlichen Himmelspol, in dessen unmittelbarer Nähe sich zufälligerweise der Polarstern befindet, und im Süden am südlichen Himmelspol, der leider keinen hellen Stern in unmittelbarer Nähe hat.

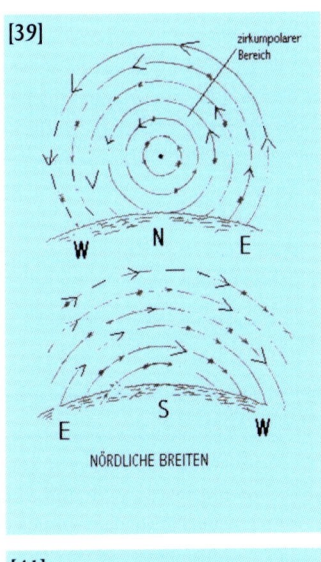

[39]

zirkumpolarer Bereich

W   N   E

E   S   W

NÖRDLICHE BREITEN

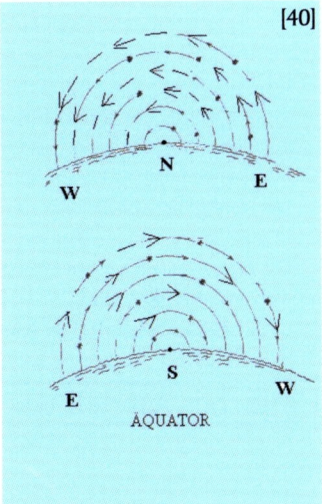

[40]

W   N   E

E   S   W

ÄQUATOR

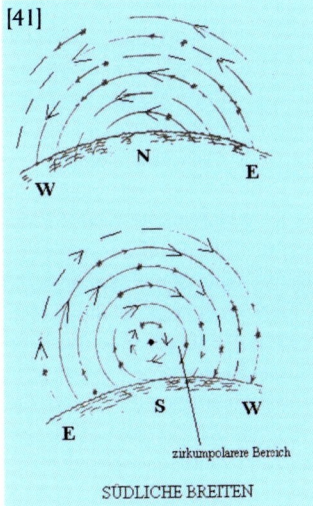

[41]

W   N   E

E   S   W

zirkumpolarere Bereich

SÜDLICHE BREITEN

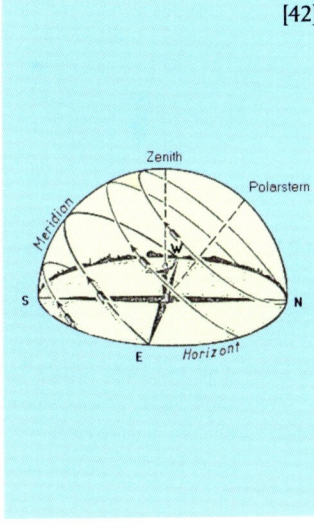

[42]

Zenith

Polarstern

Meridian

S   N

E

Horizont

Um diese Achse rotiert nun unser gesamtes Himmelsgewölbe scheinbar von Osten nach Westen. Auf der nördlichen Hemisphäre der Erde drehen sich die Sterne von links nach rechts bei Blickrichtung Süd. Auf der Südhemisphäre ebenfalls von Ost nach West, aber von rechts nach links bei Blickrichtung Nord. Die Ebene der Gestirnsbahnen steht zur Drehachse unseres Universums im rechten Winkel [Abb. 39 bis 42].

Die Vorstellung von der Rotation des Sternenhimmels fällt nicht jedem leicht und die rein verbale Beschreibung ist oft nicht sehr erhellend.

Die beste Vorstellung vom Universum bekommt man mit einem einfachen Modell, einem **Wasserglobus**. Man muss ihn gar nicht wirklich basteln, allein durch das Betrachten der Skizze wird einem plötzlich vieles klar.

Einfaches Modell des Universums

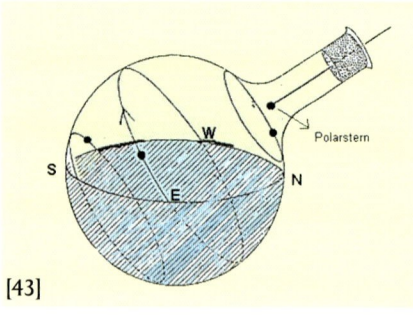

[43]

Stellen Sie sich ein Kolbenglas wie in **Abb. 43** vor. Das Glas wird mit gefärbtem Wasser halb gefüllt und verkorkt. Durch den Korken stecken Sie eine Stricknadel mit einem vielleicht bunt bemalten Kopf. Die Nadel sollte durch das Zentrum des Korkens gestochen und der Kopf bis zum Beginn der Rundung des Glases vorgeschoben sein. Jetzt malt man auf die Oberfläche des Glases Kreise, die, wenn das Glas aufrecht steht, horizontal verlaufen. Ein Kreis sollte genau in der Mitte der Kugel gezeichnet werden. Drei Kreise wie in der Abbildung genügen. Auf die Kreise kann man sich "Sterne" aus Papierstückchen kleben.

Dieses Kolbenglas ist ein hervorragendes Modell unseres Universums. Das Glas ist das Himmelsgewölbe, die Kreise am Glas sind die Gestirnsbahnen und die Punkte die Sterne. Der Wasserspiegel im Glas entspricht unserer Beobachterebene, der bunte Kopf der Stricknadel dem Polarstern.

Man stelle sich jetzt vor, man steht im Zentrum dieser Flasche, auf einem Schiff mitten im Meer. Kein Land ist in Sicht. Wo das Wasser das Glas berührt, ist der Horizont.

Wenn man jetzt die Flasche im Uhrzeigersinn dreht, kann man mehrere Fakten gut demonstrieren:

▷ Der Polarstern bewegt sich nicht.

▷ Sterne, die so nahe beim Pol stehen, dass ihr Abstand vom Pol geringer ist als die Höhe des Pols über dem Horizont, gehen niemals unter. Das sind die sogenannten zirkumpolaren Sterne (am Ring beim Flaschenhals). Sie bewegen sich in einem Kreis um den Pol und verschwinden niemals unter dem Horizont.

▷ Sterne, die vom Pol weiter entfernt sind als die Polhöhe, gehen auf ihrer täglichen Bahn im Osten auf und im Westen unter.

▷ Die unterschiedlichen Auf- und Untergangspunkte in Abhängigkeit vom Breitengrad (Höhe des Polarsterns, in unserem Modell der Kippwinkel der Flasche).

▷ Aufgangspunkt der Sterne im Osten, höchster Punkt im Süden und Untergangspunkt im Westen.

▷ Der mittlere Ring entspricht dem Himmelsäquator. Sterne am Himmelsäquator gehen egal auf welchem Breitenkreis immer exakt im Osten auf und im Westen unter.

▷ Es gibt Sterne, die so weit vom nördlichen Himmelspol entfernt sind, dass sie niemals über den Horizont kommen.

▷ Kippt man die Flasche so, dass der Nordpol unter dem Horizont, in unserem Fall unter dem Wasserspiegel, verschwindet, kann man sich gut die Verhältnisse auf der südlichen Hemisphäre vorstellen.

▷ Für einen Beobachter auf der Erde kann immer nur ein Himmelspol über dem Horizont sein.

▷ Am Äquator befinden sich beide Himmelspole direkt am Horizont.

▷ Am Äquator zieht der Himmelsäquator durch den Scheitelpunkt.

Die Höhe des Himmelspols (der Abstand des Pols vom Horizont) entspricht der geographischen Breite des Beobachtungsortes.

Und jetzt kommt eine für die Orientierung elementarer Feststellung:

Am Äquator liegen die Himmelspole am Horizont. Die Polachse liegt waagerecht. Die geografische Breite ist 0°. Die Gestirnsbahnen verlaufen im rechten Winkel zur Achse. Das bedeutet, dass am Äquator die Sterne senkrecht zum Horizont aufgehen und senkrecht zum Horizont untergehen. Im Lauf eines Jahres ist am Äquator der gesamte Sternenhimmel zu sehen.

Je weiter man sich vom Äquator entfernt, desto flacher werden die Winkel der Gestirnsbahnen zum Horizont.

An den Erdpolen steht die Achse senkrecht, die geografische Breite ist 90°. Die sichtbaren Sterne kreisen parallel zum Horizont [Abb. 44].

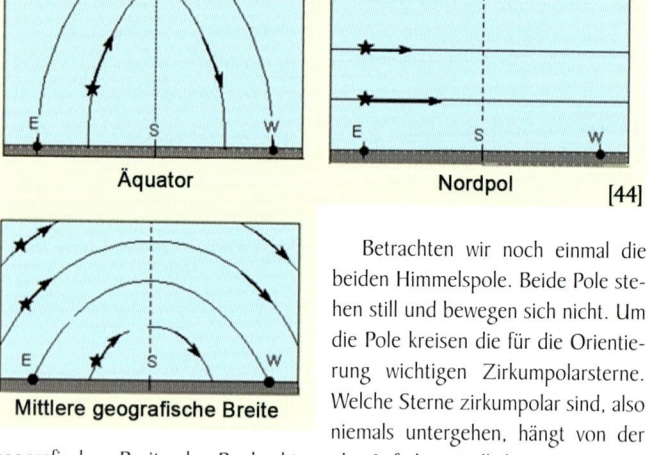

Äquator

Nordpol

[44]

Mittlere geografische Breite

Betrachten wir noch einmal die beiden Himmelspole. Beide Pole stehen still und bewegen sich nicht. Um die Pole kreisen die für die Orientierung wichtigen Zirkumpolarsterne. Welche Sterne zirkumpolar sind, also niemals untergehen, hängt von der geografischen Breite des Beobachters ab. Auf der nördlichen Hemisphäre bewegen sich die zirkumpolaren Sterne gegen den Uhrzeigersinn, auf der südlichen im Uhrzeigersinn [Abb. 40].

Zur Orientierung nach den Sternen ist es notwendig, ein paar Sternbilder am Himmel sicher zu erkennen. Das Lernen der Sternbilder ist ein wenig wie Geografie lernen. Eine drehbare **Sternkarte** leistet hier wohl die besten Dienste. Man stellt einfach Datum und Uhrzeit ein und sieht auf dem

Ausschnitt die Sterne, die momentan am Himmel sichtbar sind. Drehbare Sternkarten sind in verschiedenen Ausführungen sowohl für den Nord- als auch für den Südhimmel erhältlich.

Orientierung nach dem nördlichen Himmelspol (Polarstern)

Auf der nördlichen Hemisphäre sind wir in der glücklichen Lage, zufällig einen mit freiem Auge sichtbaren Stern in unmittelbarer Nähe des nördlichen Himmelspols zu haben: den Polarstern (Polaris). Seine Abweichung vom tatsächlichen Himmelspol ist minimal (ca. 1°) und soll uns hier nicht weiter stören. Der Polarstern zeigt uns zuverlässig die Nordrichtung und durch seine Höhe am Horizont den Breitengrad an.

Das Poblem ist eigentlich nur, den Stern am Himmel eindeutig zu identifizieren. Leider ist das Sternbild des kleinen Wagens, dessen letzter Stern in der Deichsel der Polarstern ist, kein besonders markantes Sternbild und oft nur sehr schwer zu erkennen.

Auch ist der Polarstern weder ein besonders heller, noch auffällig farbiger Stern. Zum Glück gibt es aber in unmittelbarer Nachbarschaft des Himmelspols einige markante Sterngruppen, die als **Auffindungssterngruppen** hervorragende Dienste leisten.

Das markanteste Sternbild unter diesen Auffindungssterngruppen ist ...

Der Große Wagen

Helligkeit und Anordnung seiner Sterne machen das Sternbild zum eindruckvollsten und bekanntesten des gesamten nördlichen Himmels. Vom Großen Wagen aus lässt sich der Polarstern leicht finden. Man verlängert gedanklich die Hinterachse des Wagens etwa 5 Mal in jene Richtung, in der die Deichsel gebogen ist. Am Ende dieser Strecke findet man den Polarstern in einem relativ sternenarmen Areal **[Abb. 45]**.

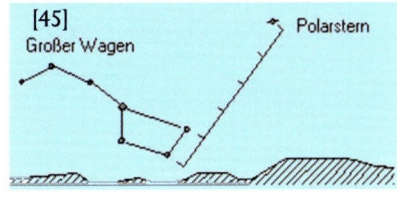

[45]
Großer Wagen
Polarstern

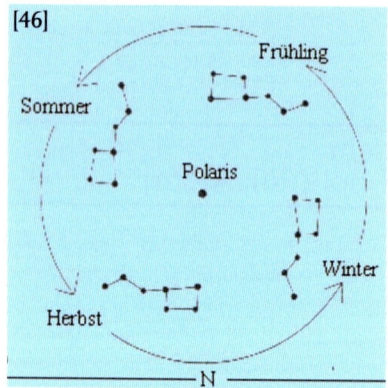

Sollte man sich einmal nicht sicher sein, in welcher Richtung man suchen soll, hilft einem die amerikanische Bezeichnung des Großen Wagens weiter. Die Amerikaner nennen den Großen Wagen "Big Dipper", die große Schöpfkelle. Der Polarstern liegt immer in der Richtung, in der das Wasser aus der Schöpfkelle fließen würde. Der große Wagen gehört zu den zirkumpolaren Sterngruppen am nördlichen Himmel. Das heißt er geht, zumindest in unseren Breiten, niemals unter und ist das ganze Jahr über sichtbar. Beim Suchen des Sternbildes ist zu beachten, dass er zu den verschiedenen Jahreszeiten in unterschiedlichen Positionen am Himmel zu finden ist. Bei Einbruch der Dunkelheit finden wir ihn [Abb. 46] ...

im Frühjahr	in der Nähe des Zenits,
im Sommer	im Nordwesten,
im Herbst	im Norden knapp über dem Horizont,
im Winter	im Nordosten.

Ungewöhnlich für einen Wagen ist, dass er - verursacht durch die Drehung des Himmelsgewölbes gegen den Uhrzeigersinn - immer "rückwärts" fährt. Im Lauf einer Nacht "fährt" er im Rückwärtsgang linksherum ein Stückchen um den Polarstern.

Bezogen auf den Polarstern befindet sich gegenüber dem Großen Wagen, ebenfalls im zirkumpolaren Bereich ein weiteres markantes Sternbild:

Kassiopeia

Wegen seiner charakteristischen Anordnung der 5 Hauptsterne als Buchstabe W oder M ist dieses Sternbild ebenfalls leicht zu finden. Falls der Große Wagen in einer Wolke verschwunden ist, kann Kassiopeia zum Aufsuchen des

Polarsterns verwendet werden. Die Spanne zwischen den beiden Ecksternen des Buchstabens W vom ersten Stern, das ist jener bei dem man ein W zu schreiben beginnen würde, im rechten Winkel zweimal in der Richtung aufgetragen, in die der mittlere Winkel des W weist, ergibt die Position des Polarsterns. Ein anderer Hinweis: Vom Polarstern aus betrachtet erscheint Kassiopeia immer als Buchstabe **M** - Polarstern in der Mitte. Wie der Große Wagen bewegt sich Kassiopeia gegen den Uhrzeigersinn um den Pol [Abb. 47].

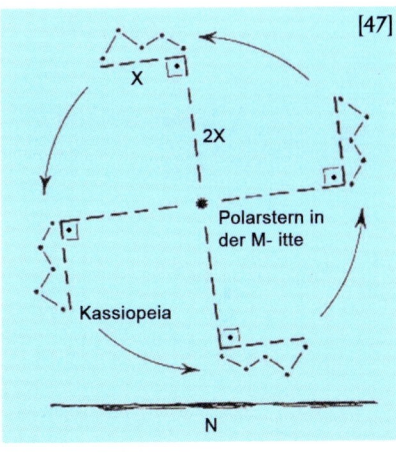

Jetzt könnte es natürlich sein, dass sowohl der Große Wagen als auch Kassiopeia nicht sichtbar sind. Zum Glück gibt es da aber noch andere Sternbilder, die uns zum Polarstern weisen [Abb. 48].

Quadrat des Pegasus

Pegasus ist ein Sternbild, dessen Hauptsterne ein großes Viereck bilden. Gemeinsam mit dem Sternbild **Andromeda** hat die Konstellation eine auffällige Ähnlichkeit mit dem Großen Wagen. Mit Andromeda als Deichsel und dem Pegasusquadrat als Wagen imponiert diese Konstellation wie ein gigantischer "Großer Wagen" am Himmel. Auch dieser Wagen fährt rückwärts.

Zu finden sind diese Sternbilder leicht. Sie befinden sich etwas unterhalb von Kassiopeia. Verlängert man die "Hinterachse" fünfmal, gelangt man zum Polarstern [Abb. 48].

Genau genommen ist es die Distanz zwischen den Sternen Markab und Scheat, die fünfmal in Richtung Scheat verlängert werden muss. Die vier Quadratseiten sind an sich schwer zu unterscheiden. Als Hilfe dient, dass an der nördlichen Seite in Richtung Osten die Linie von Andromeda ansetzt. Der Verbindungsstern im Pegasusquadrat ist Sirrah. Verfolgt man die bogenförmige

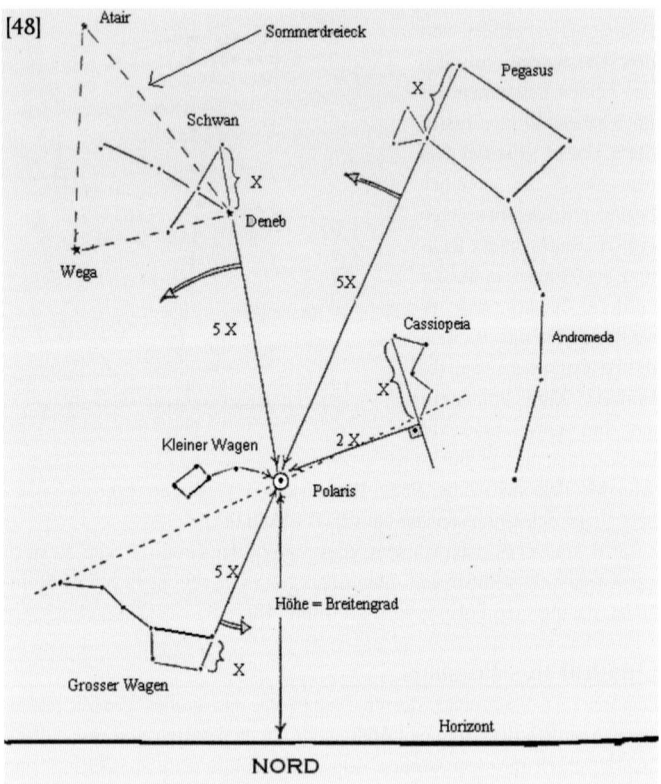

Andromedalinie weiter, kommt man zu Scheat. Scheat erkennt man an zwei be-
nachbarten Sternen, die ein kleines gleichseitiges Dreieck bilden. Dieses Dreieck zieht das große Quadrat gleichsam über den Himmel.

Großes Sommerdreieck

Das Große Sommerdreieck ist kein eigentliches Sternbild, sondern setzt sich
aus den hellsten Sternen von drei Sternbildern zusammen: **Deneb** im Sternbild Schwan, **Wega** in der Leier und **Atair** im Sternbild Adler. Wega ist praktisch der Führungsstern, der das Dreieck über den Sommerhimmel zieht.

Deneb, der Schwanzstern des Schwans, folgt im Osten und Atair im Süden vervollständigt das Dreieck. Steht das Dreieck hoch am Himmel (und nur dann), ist die Linie Wega - Deneb ein guter Ost-West-Weiser, wobei Wega nach Westen zeigt. Steht die Winkelhalbierende des spitzen Winkels bei Atair senkrecht zum Horizont, zeigt sie ungefähr die Nord-Süd-Richtung an. Die drei hellen Sterne des Sommerdreiecks sind meist

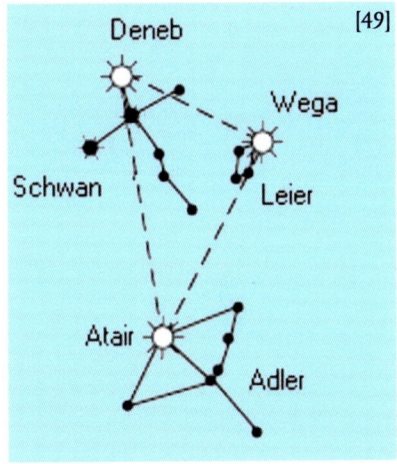

auch bei schlechten Sichtverhältnissen, ja selbst in der Großstadt mit beträchtlicher Licht- und Luftverschmutzung, zu sehen.

Mit Hilfe des Großen Sommerdreiecks lassen sich die beiden Sternbilder Schwan und Adler leicht finden [Abb. 49].

Schwan (Cygnus)

Der Schwan ist eines der schönsten Sommersternbilder des nördlichen Himmels. Die hellsten Sterne bilden ein großes eindrucksvolles Kreuz, das manchmal als Kreuz des Nordens bezeichnet wird. Betrachten wir das Sternbild als Kreuz, so ist Deneb die Spitze des Kreuzes. Deneb und der linke Balkenstern des Kreuzes (der Balken, der nicht in Richtung Wega weist) sind ebenfalls Nordsternweiser. Auch diese Distanz, etwa fünfmal über Deneb verlängert, ergibt die Position des Polarsterns [Abb. 48].

Auch wenn der Himmel teilweise bewölkt ist, sollte es mit einer der beschriebenen Methoden möglich sein, den Polarstern zu finden. Und selbst wenn der Polarstern gerade hinter einer Wolke verschwunden ist, können Sie mit diesen Methoden Polaris und damit Norden finden. Wenn Sie nur ein Sternbild mit den oben besprochenen **Wegweisersternen** identifizieren können, haben wir schon gewonnen.

Die Distanz der Weisersterne mit den Fingern abgenommen und fünfmal verlängert ergibt den Nordpol des Himmels. Die Distanz ist meist nicht exakt fünfmal, aber die Zahl Fünf kann man sich gut merken. Wer es genauer will, kann die Distanz zwischen den Sternen auf einem Stab markieren. Anschließend trägt man diese Distanz fünfmal von der Spitze weg auf dem Stab auf. Bringt man den Stab mit den Zeigesternen zur Deckung, zeigt die Spitze die Position des Himmelsnordpols an.

Wenn der Polarstern sehr hoch am Himmel steht, ist es von Vorteil, am Ende des Stockes ein improvisiertes Lot anzubringen, das dann am Horizont die Nordrichtung anzeigt [Abb. 50].

Orientierung nach dem Himmelsäquator

Verlängert man den Erdäquator nach allen Richtungen, bis er die scheinbare Himmelskugel schneidet, kommt man zum Himmelsäquator. Der Himmelsäquator steht senkrecht auf der Nord-Süd-Achse der Erde und schneidet den Horizont exakt im Ost- und im Westpunkt. Für die Orientierung hat der Himmelsäquator zwei große Vorteile:

▷   Sterne oder Sternbilder, die sich am oder nahe beim Himmelsäquator befinden, sind in allen geografischen Breiten zu sehen.

▷   Sterne die am Himmelsäquator stehen, die sogenannten Äquatorsterne, gehen exakt im Osten auf und im Westen unter.

Jetzt gibt es aber leider nicht allzu viele helle Sterne, die am oder in unmittelbarer Nähe des **Himmelsäquators** liegen. Es kommen eigentlich nur vier Sternbilder in Frage:

Jungfrau im Frühling	auf der Südhalbkugel im Herbst
Adler im Sommer	auf der Südhalbkugel im Winter
Pegasus im Herbst	auf der Südhalbkugel im Frühling
Orion im Winter	auf der Südhalbkugel im Sommer

Ost-West-Orientierung nach dem Orion

Orion, der Himmelsjäger, ist eines der beeindruckendsten Sternbilder am Firmament. Seine sieben hellen Sterne beherrschen in unseren Breiten den Winterhimmel. Mit den Gürtelsternen, die etwa drei gleich hellen Sterne in der Mitte des Sternbildes, hat man eine hervorragende Orientierungshilfe.

Der oberste (rechte) Stern des Gürtels liegt praktisch auf dem **Himmelsäquator**. Somit zeigt er beim Aufgang exakt den Ostpunkt und beim Untergang den Westpunkt am Horizont an. Wenn man sich nicht sicher ist, welcher Stern auf dem Äquator liegt (Orion steht auf der Südhalbkugel auf dem Kopf), nimmt man den mittleren, der Fehler ist dann nur gering. Wie jedes Sternbild ändert auch Orion bei seinem täglichen Weg über den Himmel seine Lage [Abb. 51].

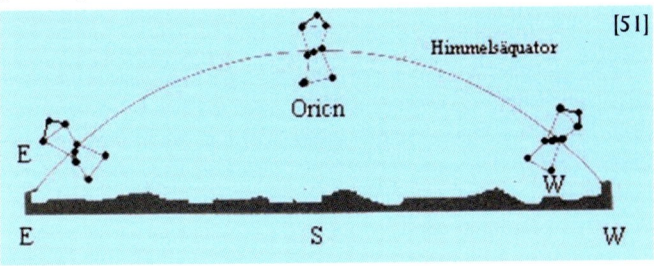

Aus seiner Lage kann man gut auf die Himmelsrichtungen schließen. Stehen die drei **Gürtelsterne** senkrecht, so dass man die drei Sterne in ein großes E einschreiben könnte, steht Orion im Osten (E). Kann man in die Gürtelsterne ein W einschreiben, wenn sie waagerecht liegen, so steht Orion im Westen. Ein aufrecht stehender Orion, die Gürtelsterne liegen in etwa 45° zum Horizont, zeigt annähernd die Südrichtung an. Seine Lage am Himmel ändert Orion aber auch in Abhängigkeit vom Standort des Beobachters. Nähert man sich dem Äquator, nimmt die Schräglage des Sternbildes zu und es erreicht am Äquator eine nahezu horizontale Lage. Es sieht dann aus wie ein Schmetterling. Bewegen wir uns weiter nach Süden, steht Orion dann auf dem Kopf. Der Kopf des Orions ist gekennzeichnet durch ein kleines Sterndreieck an der nördlichen Seite der fast symmetrischen Figur.

Gefolgt wird der Jäger Orion von den Sternbildern Großer und Kleiner Hund. Verlängert man die Gürtelsterne nach links unten, fällt ein besonders heller Stern sofort auf: Sirius, der Hundsstern, der hellste Stern am Himmel.

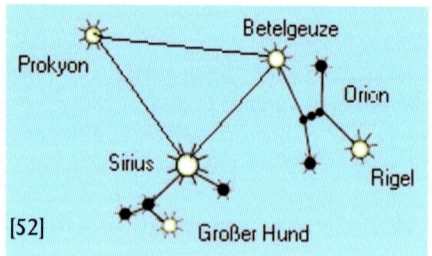

[52]

Sirius im Großen Hund bildet mit Beteigeuze, dem rötlichen Schulterstern des Orion, und Prokyon im Kleinen Hund ein markantes gleichseitiges Dreieck. Das wegen seiner drei hellen Sterne sehr auffällige Dreieck, auch **Äquatordreieck** genannt, liegt immer östlich vom Orion. Die Strecke zwischen Prokyon und Beteigeuze verläuft annähernd parallel zum Himmelsäquator [Abb. 52].

Kann man die Gürtelsterne nicht beim Auf- oder Untergang beobachten, ist der gleiche Trick anwendbar, den wir schon bei der Sonne verwendet haben. Sterne am Himmelsäquator bilden beim Auf- oder Untergang einen Winkel mit dem Horizont, der 90° minus dem Breitengrad entspricht. Man kann also in Gedanken, oder mit einem Stab, gehalten im entsprechenden Winkel zum Horizont, den Weg des Sterns in Richtung Auf- oder Untergangspunkt verfolgen. Bei 50° Breite wäre dieser Winkel 90° - 50° = 40°.

Bei 20° Breite steiler, also 70° und am Äquator 90° - 0° = 90°. Der Gürtelstern geht am Äquator exakt am Ostpunkt lotrecht zum Horizont auf. Genauso senkrecht wird er im Westpunkt untergehen.

Ost-West-Orientierung nach dem Adler

Atair, den Hauptstern des Sternbildes Adler, haben wir bereits bei der Beschreibung des Sommerdreiecks kennen gelernt. Mit Hilfe des Sommerdreiecks ist der Adler einfach zu finden. Im Sternbild ist sehr leicht ein fliegender Vogel zu erkennen. Atair bildet den Kopf des Adlers. Adler und Schwan fliegen also gleichsam aufeinander zu. Begleitet ist Atair von zwei Nachbarsternen, die an die Gürtelsterne des Orions erinnern. Der linke Flügelstern des Adlers liegt am Himmelsäquator und geht daher genau im Osten auf [Abb. 53].

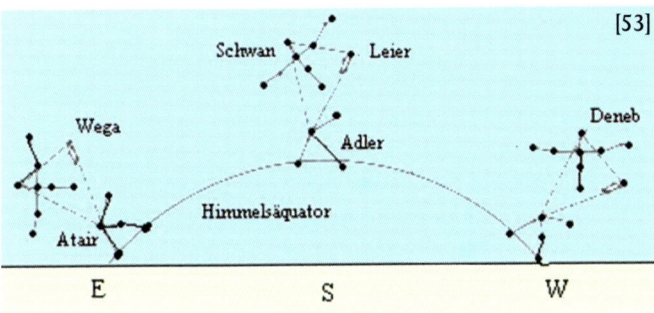

Atair und seine beiden Nachbarsterne stehen beim Aufgang des Sternbildes, wie beim Orion, fast senkrecht übereinander (E). Adler und Schwan fliegen parallel zum Horizont. Das Sommerdreieck ist nach links geneigt. Beim Untergang pendelt das Sommerdreieck nach rechts. Adler und Schwan fliegen senkrecht zum Horizont. Der Adler nach oben, der Schwan nach unten. Die drei Kopfsterne liegen waagerecht (W). Der linke Flügelstern geht genau im Westpunkt unter.

Nun ist der linke Flügelstern des Adlers kein sehr heller Stern und daher manchmal nicht sichtbar. In diesem Fall findet man den Himmelsäquator rund 10°, also ungefähr eine Handbreit, südlich von Atair.

Ost-West-Orientierung nach der Jungfrau

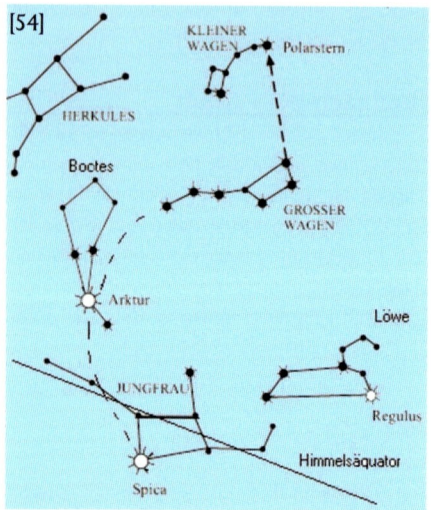

Auch die Äquatorsterne im recht ausgedehnten Frühlingssternbild Jungfrau sind nicht besonders hell und erfordern daher recht gute Sichtverhältnisse. Der mit Abstand hellste Stern in der Jungfrau ist Spika, der aber, wie Atair im Adler, nur in der Nähe des Himmelsäquators ist. Aufzufinden ist Spika über die sogenannte Deichsellinie des Großen Wagens [**Abb. 54**].

Folgt man dem Bogen der Deichsel des Großen Wagens kommt man zunächst zu einem sehr hellen orangefarbenen Stern, **Arktur** im Sternbild **Bootes** (Bärenhüter). Bootes schaut aus wie ein großer Kinderdrachen. Bei Arktur wäre der Schwanz des Drachens befestigt. Verfolgt man die Deichsellinie, gleichsam der Schwanz des Kinderdrachens, weiter, trifft man in etwa dem gleichen Abstand wie Arktur von der Deichselspitze auf **Spika**.

Das Sternbild Jungfrau ist kein besonders auffälliges Sternbild und die beiden Äquatorsterne sind leider sehr lichtschwache Sterne, die bei Mondschein oder in der Dämmerung kaum zu sehen sind. Auch hier kann man mit Hilfe der hellen Spika auf die Lage des **Himmelsäquators** schließen. Er befindet sich 10° nördlich von Spika oder auf einem Drittel der Strecke Arktur - Spika, von Spika aus aufgetragen.

Westlich, also rechts vom Sternbild Jungfrau, findet sich das sehr schöne und gut vorstellbare **Sternbild des Löwen**. Verlängert man die Hinterachse des Großen Wagens nicht in Richtung Polarstern sondern fünfmal in die entgegengesetzte Richtung, kommt man zum Hauptstern des Löwen, zu Regulus.

Regulus befindet sich 10° nördlich des Himmelsäquators. Einen Äquatorpunkt findet man auch, wenn man die Strecke Spika - Regulus halbiert [Abb. 51].

Ost-West-Orientierung nach dem Pegasus-Quadrat

Das auffällige Pegasus-
Quadrat haben wir bereits
zum Auffinden des Polar-
sterns kennen gelernt.
Zwei Seiten dieses Vier-
ecks liegen genau parallel
zum **Himmelsäquator**.
Zufälligerweise die eine
Seite in 14° nördlichem
Abstand und die andere
in 2 x 14° Abstand. Die
beiden anderen Seiten
stehen fast senkrecht zum
Himmelsäquator. Durch
diese   Lagebeziehung
kann man leicht den Ver-

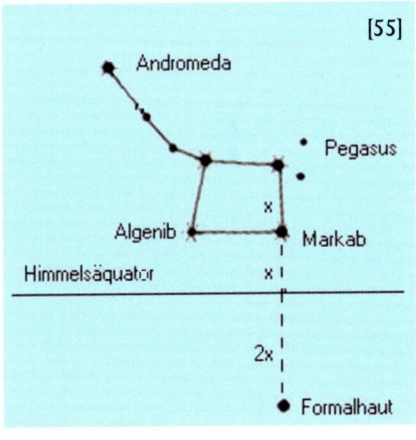

lauf des Himmelsäquators finden. Klappt man das Viereck um seine südliche
Seite (Algenib - Markab; wir erinnern uns, die nördliche Seite ist zwischen
Sirrah - hier setzt Andromeda an - und Scheat, der durch das kleine Sterndreieck zu erkennen ist) fällt die nördliche Seite mit dem **Himmelsäquator**
zusammen [Abb. 55].

Fast direkt am Himmelsäquator liegt ein Stern im recht unauffälligen
Sternbild Wassermann, südlich von Pegasus. Es ist der Stern Sadalmelek, der
nur ein halbes Grad südlich des Himmelsäquators liegt.

Unter dem Wassermann, ganz tief im Süden, in unseren Breiten nur kurz
in den Sommermonaten zu sehen, findet sich das Sternbild Südlicher Fisch
mit seinem hellen Stern Formalhaut.

Halbiert man die Strecke Scheat im Pegasus und Formalhaut, kommt man
ebenfalls zu einem Äquatorpunkt.

Hat man einen **Äquatorstern** gefunden, kann man relativ einfach den genauen Ost- oder Westpunkt am Horizont ermitteln. Den Aufgangspunkt zu finden, ist meist schwieriger als den Untergangspunkt im Westen, da die Sternbilder beim Aufgang meist sehr schwer zu identifizieren sind. Einige Stunden nach Aufgang oder vor Untergang eines Äquatorsternes kann man sich aber mit der bereits oben beschriebenen Methode der gedanklichen Verschiebung um 90° minus Breitengrad nach links unten (E) beim Aufgang oder nach rechts unten (W) beim Untergang (auf der nördlichen Halbkugel) behelfen.

Eine einfachere aber dafür etwas ungenauere Methode ist, auf den Äquatorabschnitt mit beiden Händen zu zeigen und dann die ausgestreckten Arme im Kreis herumzuschwenken. Auf der nördlichen Halbkugel schneidet der linke Arm am Horizont dann den Ostpunkt, auf der südlichen Hälfte den Westpunkt. Der Schwenk nach rechts unten markiert auf der Nordhalbkugel den Westpunkt und auf der Südhalbkugel den Ostpunkt.

Für uns Nordhalbkugler sind die Verhältnisse auf der Südhalbkugel oft recht verwirrend. Wir müssen uns vorstellen, dass wir auf der Südhalbkugel eigentlich "Kopf stehen". Wenn wir auf der Nordhalbkugel einen Kopfstand machen und nach Süden blicken, ist Osten zwar weiterhin Osten, liegt aber jetzt rechts von uns. Ein anderes Beispiel wäre eine Kreuzung, die in Blickrichtung Süd auf der Nordhalbkugel von einer von links (E) nach rechts (W) führenden Einbahnstraße (Äquator) gekreuzt wird. Alle Fahrzeuge bewegen sich also beim Blick nach Süden von links nach rechts. Überqueren wir die Straße, wir sind jetzt auf der Südhalbkugel, fahren die Fahrzeuge zwar weiter von Osten nach Westen für uns aber, die wir nun nach Norden blicken von rechts nach links. Die Sterne behalten ihre Bewegungsrichtung, wir aber haben unsere Blickrichtung verändert. Bleiben wir auf der Straße stehen, würden uns die Autos überfahren. Genau das tun die Äquatorsterne, wenn wir am Äquator stehen - sie fahren direkt über uns hinweg. Die Sterne ziehen über den Scheitelpunkt, unseren Zenit.

Orientierung nach den Zenitsternen

Für diese Methode ist es nicht nötig, einen Stern oder ein Sternbild zu identifizieren. Es genügt wenn man irgendeinen Stern im Zenit oder nahe beim Zenit sehen kann. Wie wir wissen, bewegen sich alle Sterne von Osten nach

Westen. Wenn es uns gelingt, die Richtung eines Sternes zu bestimmen der über uns hinwegzieht, haben wir mit Sicherheit die Westrichtung identifiziert. Alles was wir zu tun haben, ist uns hinzulegen und einen Stern möglichst genau über uns zu fixieren. Mit der Spitze eines schräg in die Erde gesteckten Stockes visieren wir einen Stern an (Bäume als Fixpunkte sind nicht sehr gut

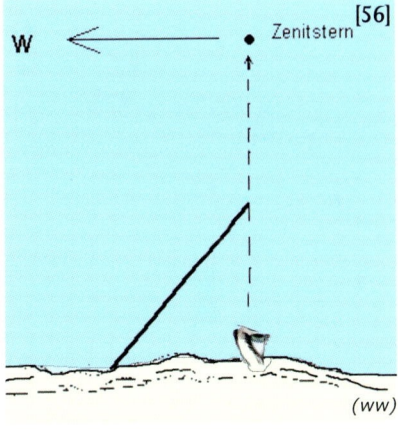

geeignet, da sie sich im Wind bewegen). Wenn man den Kopf ruhig hält, kann man nach einiger Zeit die Bewegungsrichtung des Sternes erkennen: die Richtung ist immer Westen [Abb. 56].

Vorsicht ist geboten bei einer Methode, die in vielen Büchern beschrieben ist:
Man visiert einen Stern über eine Visierlinie (etwa zwei Stöcke) an:
    bewegt sich der Stern nach oben ist die Blickrichtung Osten,
    bewegt sich der Stern nach unten ist die Blickrichtung Westen,
    bewegt sich der Stern von rechts nach links ist die Blickrichtung Norden,
    bewegt sich der Stern von links nach rechts ist die Blickrichtung Süden.

✍   Visiert man beispielsweise einen zirkumpolaren Stern unterhalb des Himmelsnordpols an, bewegt er sich auch von links nach rechts, wir blicken aber nach Norden. Falls man diese Methode anwenden will, muss der Stern über der Polhöhe stehen.

Skorpion

Skorpion ist ein prachtvolles Sternbild, das seinem tierischen Vorbild bis zum Giftstachel am Schwanz recht nahe kommt. Der Skorpion ist der himmlische

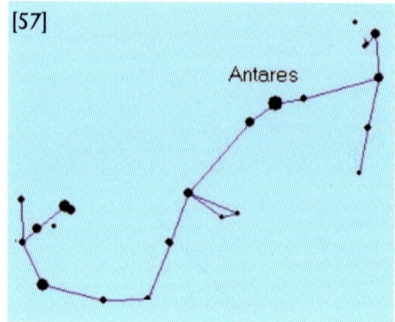

[57]

Antares

Gegenspieler des Orions. Die Sternbilder befinden sich am Himmel genau gegenüber und sind daher nie gleichzeitig zu sehen. Wenn Orion untergeht, geht Skorpion auf. In unseren Breiten ist Orion nur im Winter und Skorpion nur im Sommer zu sehen. Da Skorpion bei uns so tief im Süden steht, kann das Sternbild in seiner ganzen Ausdehnung nicht überblickt werden. Auf der Südhalbkugel steht der Skorpion zwar auf dem Kopf, ist aber hoch im Zenit stehend das eindrucksvollste Sternbild des Südhimmels. Das Herz des Skorpions bildet der helle rote "marsähnliche" Stern **Antares [Abb. 57]**.

Sieht man von höheren nördlichen Breiten den Skorpion, muss das angenähert die Südrichtung sein. In mittleren nördlichen Breiten ist Antares ein Südost-Südwest-Stern **[Abb. 58]**.

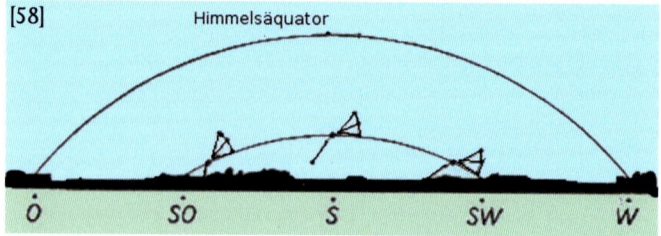

[58]   Himmelsäquator

Ö   SO   S   SW   W

Weiter im Süden, wenn das Sternbild in seiner ganzen Ausdehnung zu sehen ist, kann man sich folgendes merken: Wenn die Schwanzsterne aufrecht stehen, also senkrecht zum Horizont sind, ist der Kopf im Süden.

Steht Skorpion aber hoch am Himmel, wird es schwierig, die lotrechte Stellung der Schwanzsterne zu bestimmen. Aus der Lage der Schwanzsterne kann man aber zumindest grob auf die Himmelsrichtung schließen, in der sich der Skorpion gerade befindet.

Orientierung nach anderen Zeichen der Natur

Wetterbaum (ww)

In diesem Kapitel werden Orientierungsmethoden vorgestellt, die üblicherweise in die Kategorie "Waldläufertricks" fallen. Es sind dies Techniken, mit
denen die Indianer und die Buschmänner den Weißen Mann einst verblüfften.
Bei all diesen Methoden muss man aber Eines bedenken: Die Menschen, die
diese Techniken zur Orientierung erfolgreich angewendet haben - und noch
immer anwenden - sind mit ihrer Umwelt im höchsten Maße vertraut. Sie
kennen die Wetterlage, die vorherrschenden Windrichtungen, die Eigenhei-
ten bestimmter Pflanzen und das Verhalten der Tiere. Wir können natürlich
versuchen, diese Tricks zu lernen, aber solange wir nicht über die lokalen Verhältnisse genau Bescheid wissen, müssen wir in der Interpretation unserer
Ergebnisse sehr vorsichtig sein. Mussten wir schon bei der Orientierung nach
den Gestirnen Abstriche machen, was die Genauigkeit betrifft, so gilt das für
diese Methoden umso mehr. Normalerweise lassen sich mit diesen Techniken
nur ganz grobe Richtungsbestimmungen durchführen.

Schauen wir uns einmal ein paar Methoden an, von denen einige in kei-
nem einschlägigen Buch fehlen und deshalb allgemein bekannt sein dürften:

Moos und **Flechten** findet man auf der nördlichen Seite von Bäumen. Das
ist eine Verallgemeinerung, die so nicht stimmt. Moos braucht zum Wachsen
nicht nur Schatten sondern auch Feuchtigkeit. Feuchtigkeit ist sogar ein noch
wichtigerer Faktor als Schatten. Das Wachstum der Moose ist also auf der
Seite des Baumes begünstigt, von der die häufigsten regenbringenden Winde
kommen. Das ist in unserer Klimazone vorwiegend West bis Nordwest, kann
aber durch lokale klimatische Gegebenheiten durchaus ganz anders sein.
Wenn man also mit den lokalen Wetterverhältnissen (vorherrschenden Windrichtungen, Wetterseite) nicht vertraut ist, sollte man diese Informationen zur
Richtungsbestimmung nicht verwenden.

Das Zweite sind die **Jahresringe** von gefällten Bäumen. Die meisten
Bäume wachsen nicht völlig konzentrisch. Das Zentrum, der Kern des Bau-
mes, ist dadurch oft auf eine Seite gedrängt. Ursache ist das unterschiedliche
Dickenwachstum des Holzes, das sich in unterschiedlich breiten Jahresringen
darstellt. Für den exzentrischen Wuchs sind einseitige Beanspruchung durch
Wind, Sonne, Schneeschub, Kronenform und Hanglage verantwortlich.

Überraschenderweise werden hier in der Literatur zwei völlig konträre Angaben gemacht. Manche Autoren lassen die dickeren Jahresringe auf die Nordseite, andere wieder auf die Südseite hinweisen. Das Zentrum des Baumes ist somit einmal näher der Südseite, das andere Mal näher der Nordseite der Rinde. Da mir die lokale Forstbehörde unerklärlicherweise nicht gestattete, hundert Bäume zu fällen, um dieses Mysterium zu klären, bin ich auf Vermutungen angewiesen, wie diese unterschiedlichen Angaben zustande kommen. Mit einem verstärkten Dickenwachstum versucht der Baum Kräfte, die von einer Seite auf ihn einwirken, zu korrigieren. Diese Kräfte können jetzt konstanter Winddruck von einer Seite oder aber auch ein umgestürzter Baum sein, der längere Zeit gegen den Stamm gedrückt hat.

Leider reagieren Laub- und Nadelbäume aber anders auf diese Kräfte. Nadelbäume bilden sogenanntes Druckholz, das sich auf der Leeseite des Baumes bildet und somit den Kern des Baumes nach der dem Wind zugewandten Seite verlagert. Laubhölzer reagieren umgekehrt. Sie bilden an der Luvseite des Baumes Zugholz und haben somit ein stärkeres Dickenwachstum an der Windseite [Abb. 59].

[59]

Der alte **Indianertrick**, einfach mit der Axt ein paar Schläge in einen Baum zu hauen, die Breite der Jahresringe zu begutachten und schon ist die Himmelsrichtung bestimmt, mag vielleicht den Irokesen bei ihrer Orientierung geholfen haben, wir allerdings werden höchstwahrscheinlich wenig Nutzen daraus ziehen können. Wir sehen also, dass uns diese beiden, beinahe klassischen Methoden bei der Richtungsbestimmung nicht wirklich hilfreich sind. Die Irokesen hatten aber noch andere Tricks auf Lager: Sie konnten allein durch das Gehen feststellen, ob sie sich auf der Südseite oder der Nordseite eines Berges befanden. Auf der Nordseite, die meist feuchter und moosig ist, verursachten ihre Schritte kaum Lärm, während auf der Südseite durch trockenes Laub und Äste ihre Schritte geräuschvoller waren. Ob sie auch Ost und West unterscheiden konnten, verschweigen die Annalen.

Für die berühmten **Wetterbäume** (☞ 📷 Seite 77), die sich nach Südosten beugen und an der Nordwestseite deutlich kürzere Äste als an der windgeschützten Südostseite haben, gilt das gleiche wie für den Moosbewuchs. Ohne Wissen um die lokalen Wind- und Wetterverhältnisse können diese Informationen nicht verwertet werden.

Kompasspflanzen

[60]

Abgesehen von diesen recht unsicheren und zum Teil fast kuriosen Richtungsweisern gibt es im Pflanzenreich aber tatsächlich einige Pflanzen, die mit Recht als Kompasspflanzen bezeichnet werden.

Weit verbreitet in Europa und in den gemäßigten Zonen von Afrika und Asien ist eine Lattichart, die bei uns als **Stachellattich** (*Lactuca serriola*) bekannt ist. Die Eigenart dieser Pflanze ist, dass ihre Blätter sich senkrecht stellen. In praller Sonne stellt dieser Lattich seine Blätter mit der Breitseite nach Osten und Westen und die Kanten in eine genäherte Nord-Süd-Richtung ein. Die Pflanze kann so am Morgen und am Abend das volle Sonnenlicht ausnutzen, ein Austrocknen in der Mittagshitze wird aber durch die senkrechte Stellung der Blätter vermieden **[Abb. 60]**.

In den USA hat eine mächtige Pflanze durch den gleichen Effekt bereits den ersten Siedlern den Weg durch die Prärie gewiesen. Die Amerikaner nennen diese Pflanze **Pilot Weed** oder Resin Weed (*Silphium lacinatum*), die

Kompasspflanze der Prärie. Auch diese Pflanze stellt ihre Blätter in eine konstante Nord-Süd-Richtung. Die Ansicht vom Süden oder Norden unterscheidet sich deutlich von der aus östlicher oder westlicher Richtung. Ohne Licht kann man bei dieser Pflanze sogar die Himmelsrichtung ertasten [Abb. 61].

In Südafrika ist ein Kaktus unter dem Namen "Nord-Pol" (*Pachypodium namaquanum*) bekannt. Die Spitzen aller Pflanzen weisen ständig nach Norden, wahrscheinlich um die Kraft der Mittagssonne voll auszunutzen [Abb. 62].

In den Wüsten Nord- und Zentralamerikas hat der Barrel Kaktus (*Ferocactus*) ähnliche Eigenschaften. Auch diese breite runde Pflanze ist unter dem Namen "Kompass-Kaktus" bekannt, da sie sich konstant nach Süden neigt. Die Ursache für die Südneigung ist nicht völlig geklärt. Möglicherweise

ist die schlechtere Wasserversorgung auf der Sonnenseite (durch die große Hitze) die Ursache für das verminderte Wachstum auf der Südseite und damit für die Schiefstellung [**Abb. 63**].

Tiere als Wegweiser

Viele Tiere, vor allem natürlich die Kaltblüter, bevorzugen warme und windgeschützte Orte für ihre Nester. Die Hauptwindrichtung und Wetterseite ist aber von Region zu Region unterschiedlich. In den Tropen ist die windgeschützte Seite von Felsen oder Bäumen die westliche Seite, da hier die vorherrschenden Winde aus östlicher Richtung kommen. Im Unterschied dazu überwiegen in den gemäßigten Zonen West- und Nordwestwinde. Die geschützte Zone ist hier die südliche und östliche Seite.

Einer alten Irokesenweisheit zufolge baut der amerikanische Helmspecht den Eingang zu seiner Baumhöhle immer im Osten. Wasservögel nisten bevorzugt am westlichen Ufer. Spinnen errichten ihr Nest meist an der trockenen, windgeschützten und warmen Seite eines Baumes. Das ist meistens die Südseite.

In Regionen, wo es im Winter kalt wird, bauen Ameisen ihre Nester in südlicher oder südöstlicher Richtung von Bäumen oder Hügeln, um die meiste Wärme bereits am frühen Morgen zu bekommen. Die meiste Aktivität in so einem Ameisenhügel bemerkt man auf der östlichen Seite. Anders wieder die Ameisen in den Tropen. Sie bevorzugen kühle und schattige Plätze für ihre Bauten.

Am eindrucksvollsten sind aber die Bauten der sog. **Kompass-Termiten** (*Amitermes meridionales*). Im tropischen Norden Australiens sind diese spektakulären Termitenhügel ein sicherer Wegweiser zu Lande und auch aus der Luft. Alle diese, zum Teil großen Termitenhügel sind streng in Nord-Süd-Richtung erbaut. Die östliche und die westliche Seite ist flach und breit, während die südliche und nördliche Seite schmal und nach oben spitz verlaufend ist. Die festungsartigen Bauten sind bis zu 4 m hoch, 3 m breit, aber nur 1 m schmal. Auf Grund dieser Konstruktion bleibt die Wärmeeinstrahlung der Sonne den ganzen Tag über gleich. Die extreme Hitze der Mittagssonne trifft nur die schmale Kante und im Inneren des Hügels herrscht dadurch ein ausgeglichenes und für die Termiten angenehmes Klima. Interessant ist, dass die

Arbeitertermiten, die diese Bauwerke schaffen, nie ins Freie kommen und daher auch nie die Sonne sehen. Sie bauen diese Hügel, die wie Mauern exakt in Nord-Süd-Richtung in der Landschaft stehen, tatsächlich mit ihrem magnetischen Sinn [Abb. 64].

[64]

Wenn auch die meisten dieser in diesem Kapitel beschriebenen Wegweiser aus Flora und Fauna nur mit größter Vorsicht zu verwenden sind und wahrscheinlich keine allzu große praktische Bedeutung haben, so ist es dennoch interessant, die Umwelt einmal unter diesen Gesichtspunkten zu beobachten und daraus Schlüsse zu ziehen.

Koppelnavigation
(Dead Reckoning)

Befinden wir uns in einer Gegend, in der keine Landmarken oder Referenz-punkte zur Verfügung stehen (beispielsweise Wüste, Steppe, große Wasser-fläche), müssen wir uns einer Technik bedienen, die seit urdenklichen Zeiten in der Seefahrt zur Navigation verwendet wird. Die alten Seefahrer konnten zwar recht genau ihre geografische Breite nach der Höhe des Nordsterns oder der Mittagshöhe der Sonne bestimmen, eine einfache Methode zur Bestimmung des Längengrads stand ihnen aber bis zur Erfindung einer see-tauglichen genauen Uhr, dem Chronografen, nicht zur Verfügung.

Sie konnten die Position ihres Schiffes nur durch "koppeln" ermitteln. **Koppeln** bedeutet, ausgehend von einem bekannten Ort, einen gefahrenen Kurs und die Geschwindigkeit - unter Berücksichtigung von Wind und Strö-mung - auf der Seekarte eintragen und damit den neuen Schiffsort ermitteln. Naturgemäß ist diese Position nur ein geschätzter Schiffsort. Fachmännisch nennt man so einen durch "Koppeln" ermittelten Schiffsort, gegisstes (gissen = schätzen) Besteck, im Gegensatz zu einer durch Peilung, astronomische Beobachtung oder funknavigatorisch ermittelten fixen Position. Im englischen Sprachraum wird diese Methode etwas unglücklich "dead reckoning" (abge-leitete Berechnung) genannt.

Das "dead" kommt zwar nicht von "tot", sondern von ded., einer Abkür-zung für deduced (folgern), die Methode hat aber durch ihre Ungenauigkeit oft zum Tod von Menschen und zum Verlust von Schiffen geführt.

Die Methode kann auch in der Landnavigation eingesetzt werden und moderne GPS Systeme haben "dead reckoning" (DR) zur Erhöhung der Genauigkeit, wenn kurzzeitig kein Satellitenempfang besteht, bereits inte-griert. Die Methode ist in der Theorie einfach: Von einem bekannten Ort aus geht man in einer bestimmten Richtung (Peilung) eine bestimmte Entfernung. Bei jeder Richtungsänderung notiert man die zurückgelegte Strecke und die neue Peilung. Hat man eine Landkarte, zieht man auf der Karte vom Aus-gangspunkt ausgehend eine Linie in der Richtung der Peilung und trägt dann die zurückgelegte Strecke auf dieser Linie auf. Das ist dann die neue Position, die DR-Position.

Wenn man das bei jeder Richtungsänderung exakt durchführt, sollte man immer wissen, wo man ist. Soweit die Theorie. In der Praxis ist aber, selbst wenn man einen Kompass zur genauen Richtungsbestimmung verwendet, bei Fußmärschen vor allem das Messen oder Schätzen der zurückgelegten

Entfernungen sehr schwierig und meist recht ungenau. Das Zählen von Schritten oder Doppelschritten, wie es in manchen Survival-Büchern empfohlen wird, ist praktisch nur auf kurzen Entfernungen einsetzbar. Bei längeren Distanzen ist das Schätzen der Entfernung über die Gehzeit wahrscheinlich die bessere Methode. Für kürzere Strecken ist die Methode der Koppelnavigation durchaus geeignet, um sich nicht völlig zu verirren. Längere Märsche nur nach DR-Positionen, ohne Fixpunkte führen aber meist unweigerlich in die Irre.

Koppelnavigation ohne Landkarte ist eine interessante Methode, die auf See aber auch von den Erforschern des "Schwarzen Kontinents" im 19. Jahrhundert verwendet wurde. Der Vorteil dieser Methode ist, dass Entfernungen nicht in Metern oder Kilometern, sondern nur in Zeit gemessen werden. Wie bereits erwähnt sind Distanzmessungen bei Fußmärschen nur sehr schwierig durchzuführen.

Alles, was man bei dieser Methode zu tun hat, ist eine Tabelle anzulegen. In dieser Tabelle wird für jede Etappe vermerkt, in welche Richtung man geht und wie lange man in diese Richtung geht. Am Ende des Marsches überträgt man dann seine Tabelle in eine Skizze. Das kann auf einem Blatt Papier sein oder einfach auf einem ebenen Grund am Boden abgesteckt und markiert werden. Je größer die Skizze ist, desto geringer werden die Fehler beim Übertragen von Winkeln.

Angenommen Sie wollen in unbekanntem Gelände einen Erkundungsgang um ihr Lager machen und am Abend wieder sicher zurückfinden. Eine **Marschtabelle** könnte am Ende des Tages ungefähr so aussehen [Abb. 65].

ETAPPE	RICHTUNG	ZEIT/MIN
1	60°	24
2	300°	20
3	180°	8
4	280°	16
5	245°	12
6	150°	18

[65]

Von der Tabelle zur Skizze kommen Sie so: Auf einem ebenen Stück Boden markieren Sie zunächst ihren Ausgangspunkt. Von diesem Ausgangspunkt ziehen Sie eine Linie in der Richtung der ersten Peilung. Mit einem Kompass, den man einfach am Boden auflegt, ist das natürlich einfacher und genauer, als wenn man die Himmelsrichtungen ohne Kompass bestimmen muss. Die zurückgelegte Wegstrecke der ersten Etappe wird auf dieser Linie eingetragen. Um die Zeit in eine Strecke umzuwandeln, brauchen Sie aber einen Maßstab. Sie können beispielsweise für 15 Minuten eine Schuhlänge und eine Handbreit für 5 Minuten verwenden. Im Prinzip kann jede Einheit gewählt werden. Die errechnete Strecke wird nun auf der Linie eingetragen. In der Folge werden alle Peilungen und Zeiten der Tabelle in derselben Weise eingezeichnet. Am Ende sollten Sie ihre momentane Position erhalten [Abb. 66].

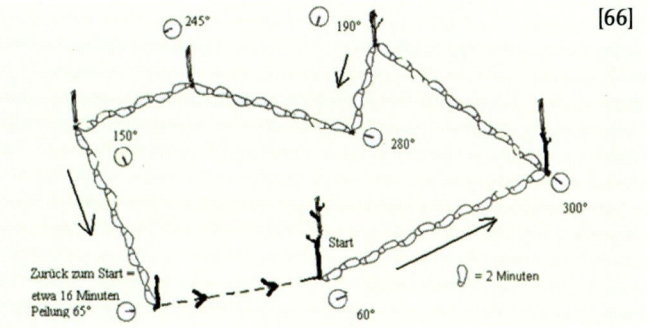

Um zum Ausgangspunkt zurückzufinden gibt es zwei Möglichkeiten:

Sie können anhand der Tabelle den gleichen Weg wieder zurückgehen, indem Sie einfach für alle Winkel den Gegenwinkel (Winkel + 180°) verwenden oder Sie nehmen den kürzeren Weg in Richtung der mit Hilfe der Skizze gefundenen Peilung.

Der Trick ist, den Marsch in annähernd geradlinige Etappen aufzuteilen und eine möglichst konstante Geschwindigkeit zu halten. Große Änderungen der Marschgeschwindigkeit durch schwieriges Gelände oder Pausen sollten auf der Tabelle vermerkt werden. In gebirgigem Gelände ist diese Methode aber nicht einsetzbar. Durch das ständige Auf und Ab wird die Marschgeschwindigkeit und damit die zurückgelegte Distanz praktisch unberechenbar. Auf flachem Land ohne größere Hindernisse ist die Methode zwar weit davon entfernt, präzise zu sein, bei genauer Arbeit kann man aber recht gute Ergebnisse erzielen.

Behelfskompass

Eine recht genaue Information über die Nord-Süd-Richtung erhält man auch mit einem selbstgebastelten Behelfskompass. Der Nachteil dieses Kompasses ist allerdings, dass man nicht weiß, an welchen Ende er nach Norden zeigt.

Alles, was man für einen Behelfskompass braucht, ist ein Stückchen Metalldraht, eine Nadel oder eine aufgebogene Büroklammer. Das Objekt muss allerdings aus Stahl sein. Aluminium oder verchromtes Metall lassen sich nicht magnetisieren. Das Stückchen Stahl muss nämlich magnetisiert werden. Das geht natürlich am einfachsten mit einem Magneten, mit dem man einfach den Stahl mit einem Pol in eine Richtung bestreicht. Einen Magneten aber hat man wahrscheinlich nicht dabei. Am ehesten hat man vielleicht noch ein kleines Radio mit. Im Lautsprecher oder im Kopfhörer ist normalerweise ein kleiner Magnet. Profis haben in weiser Voraussicht ihr Messer magnetisiert.

Aber auch wenn kein Magnet zur Verfügung steht, kann man ein Metallstück magnetisieren. Entweder man reibt seine Nadel einfach mit einem Stück Wollstoff, Seide oder synthetischem Material, oder man schnippt längere Zeit mit einem Finger auf eine Seite des Metallstücks und erhält so eine schwache Magnetisierung. Hat man eine Batterie und ein längeres Stück isolierten Draht, kann man das Objekt mit dem Draht umwickeln (wenn er nicht isoliert ist wickelt man vorher ein Stück Papier oder ähnliches als Isolation herum) und schließt jedes Ende des Drahtes an einen Pol der Batterie an. Nach einigen Minuten ist die Nadel magnetisiert. Achtung, die Batterie kann dabei aber kaputtgehen!

Jetzt muss sich die magnetisierte Nadel möglichst ungestört drehen können. Das erreicht man, indem man sie windgeschützt an einem Faden, Grashalm oder Haar aufhängt [Abb. 67 a]. Man kann auch versuchen, die Nadel auf dem Daumennagel zu balancieren. Nach einigen Versuchen gelingt das meist. Auf freie Beweglichkeit und gute Magnetisierung muss bei dieser Methode aber besonders geachtet werden.

Eine andere Möglichkeit ist, die Nadel in Wasser schwimmen zu lassen. Ein Kunststoff- oder Aluminiumteller oder eine kleine Pfütze reichen vollständig. Die Wasserfläche sollte nicht zu klein sein, damit die Nadel nicht zum

[67]

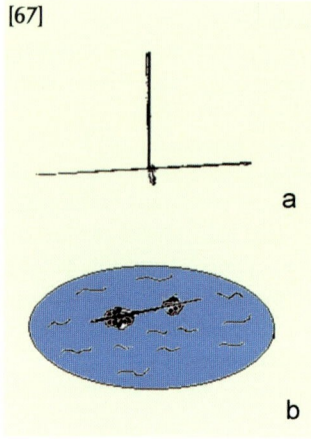

a

b

Rand gezogen wird und anstößt. Eine leicht eingefettete Nadel (es genügt wenn man sie über die Stirn oder die Nasenflügel streicht) schwimmt, wenn man sie vorsichtig genug aufs Wasser bringt, auch ohne irgendwelche Schwimmhilfen. Einfacher ist es, wenn man sie auf zwei kleine Stückchen Holz, Rinde oder ein trockenes Blatt legt. Man muss nur darauf achten, dass die Drehung der Nadel nicht allzu sehr behindert wird. Wenn man sie auf ein Stück Papier legt, saugt sich das Papier voll und geht unter. Mit etwas Glück schwimmt die Nadel dann frei im Wasser [Abb. 67 b].

Kann sich die magnetisierte Nadel ungefähr eine Minute ungestört drehen, wird sie sich nach magnetisch Nord ausrichten und eine recht genaue Nord-Süd-Richtung anzeigen. Um sicher zu sein, dass der Behelfskompass richtig anzeigt, sollte man den Versuch mehrmals wiederholen. Zeigt die Nadel immer in die gleiche Richtung, kann man fast sicher sein, dass der Kompass funktioniert.

Nochmals, und das ist ganz wichtig: Wir wissen nicht welches Ende der Nadel nach Norden weist. Das muss man auf eine andere Art rausfinden.

Nach der Lektüre diese Buches dürfte es aber nicht allzu schwer sein, eine Methode zu finden, mit der sich das feststellen lässt.

Ratgeber aus dem Conrad Stein Verlag

Kochen aus Rucksack und Packtasche

Nicola Boll
OutdoorHandbuch Band 8
Basiswissen für draußen
128 Seiten ▶ 48 farbige Abbildungen

ISBN 978-3-86686-693-5

>> Jungscharhelfer-Jahrbuch: *„Angefangen von den wichtigsten Nährwerten (...), welche Nahrungsmittel für unterwegs besonders geeignet sind und wie sie sinnvoll verpackt werden können, bis zum benötigten Zubehör gibt es jede Menge gute Hinweise."*

Knoten

Dieter Großelohmann & Manuela Dastig
OutdoorHandbuch Band 3
Basiswissen für draußen
96 Seiten ▶ 15 farbige Abbildungen
180 farbige Illustrationen

ISBN 978-3-86686-377-4

>> Besprechungsdienst für öffentliche Bibliotheken:
„Wettervorhersagebücher gibt es ja viele. Nicht viele allerDer kleine Titel ist ideal für den Urlaub draußen."

How to shit in the woods

Ulrike Katrin Peters & Karsten-Thilo Raab
OutdoorHandbuch Band 103
Basiswissen für draußen
96 Seiten ▶ 27 farbige Abbildungen
16 farbige Illustrationen

ISBN 978-3-86686-672-0

>> Wanderlust:
„eine gleichermaßen nützliche wie vergnügliche Lektüre"

Ratgeber aus dem Conrad Stein Verlag

Trekking

Michael Hoennemann
OutdoorHandbuch Band 7
Basiswissen für draußen
96 Seiten ▸ 28 farbige Abbildungen
4 farbige Illustrationen

ISBN 978-3-86686-007-0

>> **trekking-Magazin**: *„Das Buch hilft beim Zusammenstellen der optimalen Ausrüstung, damit die Tour mit Zelt und Rucksack gelingt."*

Trekking ultraleicht

Stefan Kuhn und Stefan Dapprich
OutdoorHandbuch Band 184
Basiswissen für draußen
160 Seiten ▸ 47 farbige Abbildungen
6 farbige Illustrationen und 4 Diagramme

ISBN 978-3-86686-654-6

>> **trekking-Magazin**: *„ein tolles kleines Buch (…), um zu lernen, wie man ganz einfach viel Gewicht auf seinen Wanderungen sparen kann"*

Solotrekking

Dirk Klawatzki & Dietmar Heim
OutdoorHandbuch Band 45
Basiswissen für draußen
94 Seiten ▸ 29 farbige Abbildungen

ISBN 978-3-86686-045-2

>> *In diesem OutdoorHandbuch wird die wachsende Anzahl von Solotrekkingreisenden angesprochen. Dabei sollen Hilfestellungen bei der Planung, der Vorbereitung und der Durchführung einer Solotour gegeben werden.*

Index

Kamal

A

Abendweite	21
Abnehmender Mond	52, 54
Adler	69
Andromeda	65
Antares	76
Äquator	32
Äquatordreieck	70
Äquatorstern	73
Arktur	72
Atair	66
Auffindungssterngruppen	63
Azimutale Zählung	13
Azimuttabellen	26

B

Behelfskompass	88
Big Dipper	64
Bootes	72
Breitengrad	26

C/D

Cygnus	67
Dämmerung	47
Dead Reckoning	84
Deneb	66

E

Eigendrehung	58
Elliptischen Bahn	22
Erdachse	22

F

| Flechten | 78 |
| Frühlings-Tagundnachtgleiche | 23 |

G

Gegenpunktverfahren	51
General Direction	13
Geografisch Nord	12
Gnomon	43
Greenwich	28
Großer Wagen	16, 63
Großes Sommerdreieck	66
Gürtelsterne	69

H

Halbmond	49, 50
Handmaßstab	15
Haupthimmelsrichtung	11
Herbst-Tagundnachtgleiche	23
Himmelsäquator	28, 69, 71, 72
Himmelsgewölbe	58
Himmelspol	29
Himmelsrichtungen	44
Horizont	23

I/J

Indianertrick	79
Indischen Kreise	31
Jahresringe	78
Jahreszeiten	22
Jakobsstab	26
Jungfrau	69

K

Kaktus	81
Kamal	37
Kassiopeia	64
Kompasspflanzen	80
Kompass-Termiten	82

Koppeln 85
Kreuz des Südens 16
kürzesten Schatten 29

L

Längengrade 28
Leier 66
Lokalen Mittag 45
Löwen 72

M

Magnetisch Nord 12
Marschtabelle 86
Meridian 27, 30
Meridiandurchgang 49
Missweisung 12
Mittagshöhen 20
Mittagslinie 45
Mitteleuropäische Zeit 28
Mitternachtssonne 22
Monddurchmesser 16
Mondphasen 47, 53
Moos 78
Morgenweite 21

N

Neumond 49
nördlichen Himmelspol 63
Nord-Süd-Richtung 27
Nullmeridian 28

O

Orientierung nach der Sonne
  ohne Sonne 42
Orientierungsmittel 20

Orientierungsregeln 50
Orion 69
Oriongürtel 16
Ortszeit 45
Ost-West-Orientierung 69
Ost-West-Richtung 21

P

Pegasus 65, 69
Pegasus-Quadrat 73
Pilot Weed 81
Polarstern 63

R/S

Rotation 58
Schattengrenze 49
Schattenkompass 43
Schattenkurven 40
Schattenlinie 44
schattenlos 32
Schattenspitzen-
  methode 32, 39, 41
Schattenstab 31
Schattenuhr 41
Schattenwerfer 43
Scheitelpunkt 57
Schwan 67
Sichel 47
Sirius 70
Skorpion 75
Sommersonnenwende 21, 23, 28
Sonne 19, 32, 42
Sonnenaufgang 23
Sonnenbahn 24
Sonnenfinsternis 49

Sonnenkompass   43

Sonnenuntergang   23

Spika   72

Stachellattich   80

Sternbilder   57

Sternkarte   62

T

Tagbogen   22

Tagundnachtgleiche   21

Tiere   82

Tropen   26

U

Uhr   32

Uhrenmethode   35

Uhrzeit   41

Universum   60

V/W

Vollmond   47, 50, 51

Wahre Mittag   36

Wahre Ortszeit   27, 36

Waldläufertricks   78

Wasserglobus   60

Wega   66

Wegweisersternen   67

Weltzeit   28

Wendekreis des Krebses   28

Wendekreis des Steinbocks 28

Westeuropäische Zeit   28

Wetterbäume   80

Windrose   11

Winkelabstand   48

Winkelmessungen   14

Wintersonnenwende   22, 23, 28

Z

Zenit   28, 57

Zenitsternen   74

Zirkumpolar-Gestirn   22

Zonenzeiten   28

Zunehmendem Mond   52

Zunehmender Mond   54

Zwölftelverfahren   52